엄마의 말 공부

기적같이 아이가 달라지는 엄마 전문용어의 힘

엄마의 말 공부

이임숙 지음

카시오페아
Cassiopeia

코로나 시대, 바뀐 환경일수록
'엄마의 말 공부'가 필요합니다

지금까지 이런 세상은 없었습니다. 난데없이 찾아온 코로나19로 인해 우리 일상과 삶의 방식이 송두리째 바뀌었습니다. 그중에서도 가장 큰 변화가 있었고, 예상치 못한 어려움을 겪게 된 분야는 '육아'입니다. 하나부터 열까지 육아에 관한 모든 것을 고스란히 가정에서 부모가 떠맡아야 하는 상황이 되어버렸습니다.

특히 엄마의 고충은 상상 이상입니다. 종일 아이를 돌보아야 할 뿐 아니라, 학교와 학원에서 감당해주던 공부마저도 고스란히 엄마 몫이 되면서 결국 계속해서 쌓이는 육아 스트레스에 엄마의 의지와 인내도 속절없이 무너져버리곤 합니다. 엄마의 힘겨운 일상을 표현하는 '돌밥돌밥(돌아서면 밥)'이라는 우습고 슬픈 신조어가 만들어지기도 했지요.

왜 우리 아이는 온라인 수업에 집중하지 못할까요?
왜 우리 아이는 하지 말라는 것만 할까요?

이런 상황에서 엄마는 무슨 말을 해야 할지 몰라 답답합니다. 하지만 아이도 당황스럽고 힘들기는 마찬가지입니다. 풀쩍풀쩍 뛰며 신나게 놀지도 못하고, 자유롭게 나가지도 못하고, 하고 싶은 건 뭐든지 통제당합니다. 게다가 온라인 수업은 너무 낯설고 힘이 듭니다. 사람과의 접촉으로 세상을 배워야 할 우리 아이들은 이제 '비대면'이라는 당황스러운 상황에 처했습니다. 그 속에서 어쩔 수 없이 겪어야 하는 문제들을 마주해야 합니다.

코로나 19는 부모의 양육 방식에 큰 변화를 요구하고 있습니다. 아이의 넘쳐나는 에너지를 분출시킬 수 있는 지혜로운 방법도 찾아야 하고, 집중하기 힘든 온라인 수업과 과제를 아이 스스로 하도록 도와주어야 합니다. '수업을 받는 아이'가 아니라 주도적으로 '수업을 하는 아이'로 키워야 하는 과제 역시 온전히 부모의 몫이 되었습니다. 그 와중에 아이에게 준 상처도 치유해야 합니다.

하지만 아무리 힘든 상황이라도 부모의 좋은 언어는 위기를 기회 삼아 더욱더 행복하고 발전하는 아이로 자라게 할 수 있습니다. 아이를 치유하는 말, 변화시키는 말, 인성 좋고 즐겁게 공부하는 아이로 자라게 하는 '엄마의 말'이 있습니다.

《엄마의 말 공부》는 출간 이후 정말 많은 분들의 사랑을 받아왔습니다. 감사한 마음을 보답하고자 더 오래, 깊이 고민하여 코로나 19라는 지금의 상황에 맞게 글을 보태고 고쳐서 개정증보판을 펴냅니다. 엄마의 간절한 마음을 밝히는 작은 빛이 되는 책이 되었으면 좋겠습니다.

1부에서는 온라인학습으로 생활습관이 무너지기 쉽고 가정에서 교육의 역할을 해야 하는 상황에서, 더욱더 부모가 '말 공부'를 해야 하는 중요성에 대해 담았습니다.

2부에서는 아이의 행동을 변화시키는 엄마의 전문용어 5가지를 설명합니다. 더욱 쉽게 마음을 읽어주는 방법, 아이의 모든 행동에는 이유가 있음을 믿으며 대화하는 방법, 기적 같은 변화를 위하여 문제 행동 속에 숨어있는 긍정적 의도를 찾아주는 방법, 우리 아이의 타고난 기질적 강점을 알아주고 표현하는 방법, 그리고 생각할 줄 아는 아이로 성장시키는 질문으로 구성하였습니다.

3부에서는 아침부터 밤까지 엄마의 전문용어를 어떻게 활용할 수 있을지 상세하게 알려줍니다. 특히 코로나 19로 갑작스럽게 변한 환경 탓에 생활습관이 엉망이 된 아이들과 온라인 수업에 어떻게 대처해야 할지 모르는 부모들을 위한 글을 새로 담았습니다. 또한 워킹맘을 위한 꼭 필요하면서도 유용한 대화법도 넣었습니다.

편의상 '엄마의 말 공부'로 칭하였지만, 이는 엄마만 사용하는 언어라는 뜻이 아닙니다. 아이를 치유하고 변화 발전하기를 바라는 아빠와 할머니, 할아버지, 교사, 상담자의 언어임을 기억해주기 바랍니다.

코로나 19는 언젠가 종식되겠지만, 비슷한 현상은 또 찾아올 거라 모두가 입을 모아 말합니다. 아이들은 달라진 세상에서 새로운 방식에 점차 익숙해져 가고 있습니다. 잘못된 방식이 몸에 습관처럼 배이기 전에, 더욱 바람직한 새로운 육아의 패턴을 만들어갔으면 좋겠습니다.

아이의 잠재력은 부모의 걱정보다 훨씬 더 큽니다. 변치 않는 중요한 '엄마의 말'을 잘 활용할 수만 있다면, 달라진 상황에서도 아이는 주도적으로 공부하고, 함께 웃는 행복한 가족으로 성장할 수 있을 거라 확신합니다.

좋은 '엄마의 말'을 기다리는 아이들을 대신하여
2020년 여름에 이임숙 씀

CONTENT*S*

prologue   코로나 시대, 바뀐 환경일수록
           '엄마의 말 공부'가 필요합니다   4

PART 01

엄마에게 가장 필요한 것, 말 공부

코로나로 너무 힘든 엄마들   15

이럴 땐 뭐라고 말해야 할지 모르겠어요.   22

엄마에게 꼭 필요한 것, 말 공부   27

감정 읽어주다 말문이 막힌 엄마들   35

제발 좀 달라져라   41

PART 02

일상에서 써먹는 엄마 전문용어의 힘

엄마라면 꼭 알아야 할 '엄마의 전문용어 5가지'   49

엄마의 전문용어 1 | 힘들었겠다   51

엄마의 전문용어 2 | 이유가 있을 거야   57

엄마의 전문용어 3 | 좋은 뜻이 있었구나   63

엄마의 전문용어 4 | 훌륭하구나   69

엄마의 전문용어 5 | 어떻게 하면 좋을까?   77

PART
03

'긍정적 의도'를 찾아주면
아이의 행동이 달라진다

무심코 던진 엄마의 말이 아이의 행동 방향을 결정한다　　　87

긍정적 의도를 찾으면 아이의 행동이 확 달라진다　　　96

아이의 진심을 알아주는 감동적인 한마디　　　107

엄마는 왜 이렇게 말 안 해줘?　　　116

PART
04

아침에 일어나서 밤에 잠들 때까지
엄마의 하루 대화법

01 아침:
등교가 불안정한 요즘,
올바른 생활습관을 잡을 수 있게 도와주세요

온라인 수업이라 일어나지 않는 아이, 어떻게 할까요?　　　125

예쁘게 웃으며 잠에서 깨는 아이를 보고 싶다면　　　128

아이를 깨울 때 꼭 지켜야 할 세 가지 원칙　　　131

아침 시간이 하루를 결정한다　　　136

행복한 아침 시간을 위한 세 가지 원칙　　　146

02 오전:
온라인 수업과 학교생활을 잘 할 수 있게 도와주세요

온라인 수업 잘하는 방법　　　153

아이가 스마트폰과 게임에 집착한다면　　　157

유치원과 학교에 가기를 기대하는 아이로　　　164

초등학생의 마음을 보살피는 특별한 방법　　　173

즐겁게 학교에 가는 아이로 키우는 세 가지 원칙　　　181

아이가 꼭 챙겨가야 할 심리적 준비물　　　185

직장 엄마를 위한 아침 시간　　아침에 아이와 헤어지는 방법　　　195

03 오후:

잘 놀고 잘 배우기 위한 방법이 필요해요

온라인 수업을 잘 끝낸 아이를 위하여   198

하교 시간, 아이에게 꼭 필요한 것들   201

아이를 괴롭히지 마세요   208

숙제도 공부도 즐겁게 할 수 있다   214

숙제가 어려운 아이를 위한 특별한 대화   218

사랑하는 아이를 학원 중독으로 이끌지 않기를   222

직장 엄마를 위한 방과 후 시간   아이를 다른 곳에 맡길 때는   233

04 저녁:

사회적 거리두기로 가정에서 놀아줄 시간이 많아지고 있어요

엄마와 함께하는 행복한 놀이 시간   238

아이들이 좋아하는 배움 놀이   247

아이의 내일을 준비하는 시간   254

잠자기 전, 행복한 하루의 마무리   263

직장 엄마를 위한 저녁 시간   바쁘더라도 이것만은 꼭!   271

05 방학과 주말:

아이 주도적으로 계획하고 실행하는 휴일을 만들어보세요

아이들은 배움의 놀이를 좋아한다   277

놀 줄 아는 엄마는 연장 탓하지 않는다   287

평가 목표일까? 학습 목표일까?   294

아이가 자신의 하루를 계획하게 하자   301

아이가 주도적으로 계획하는 아이의 하루   306

주말과 방학에만 할 수 있는 일이 따로 있다   313

아빠가 있는 휴일 풍경   321

직장 엄마를 위한 주말과 방학 시간   피곤하더라도 이것만은 꼭!   327

엄마에게 가장 필요한 것,
말 공부

01

코로나로
너무 힘든 엄마들

"온라인 수업, 아이가 제대로 안 들어서 너무 힘들어요."

"동영상을 보고 문제를 풀어야 수업을 들은 것으로 체크가 되는데 아이가 도무지 집중하지를 않네요. 문제 풀라고 잔소리하면 아이가 더 짜증내고 소리 질러요."

"억지로 시키니 전쟁이 따로 없어요. 그래도 출석 체크는 해야 하니 엄마인 제가 대신 풀어주고 싶을 정도예요. 어떻게 해야 하나요?"

"게임 못하게 한다고 협박하면 듣는 시늉은 하지만, 계속 이렇게 할 수는 없잖아요."

코로나 19 이전에 아이들은 유치원이나 학교에 갔다. 방과 후에는 놀이터에서 놀고, 공부는 학교와 학원에 의지하면 되었다. 미술, 음악, 운동을 비롯한 다양한 활동도 전문기관에 맡겼다. 거기서 친구도 만나고 어울리며 자랐다. 하지만 이제 이 모든 것을 부모가 감당해야 하는 시대가 되었다. 특히 엄마는 종일 아이를 먹이고 공부시키고 놀아주기까지 해야 한다. 그 어떤 시대에도 이렇게 육아에 대한 모든 것을 부모에게 짐 지우는 세상은 없었다.

아이들은 활동 부족으로 체중이 늘어나고, 생활습관은 이미 엉망이 되었으며, 층간 소음으로 인한 갈등마저 늘었다. 그렇다고 해서 아이에게 마음껏 게임해도 된다거나 유튜브 동영상을 봐도 된다고 할 수는 없는 노릇이다. 그중에서도 온라인 수업은 새롭게 등장한 장벽이다. 서로 얼굴을 볼 수 있는 상호소통방식의 경우는 좀 낫지만, 일방적으로 전달하는 방식인 경우, 아이는 지켜보는 사람이 없기 때문에 엄청나게 산만해진다. 수업을 듣다가도 어느새 다른 영상을 보고 있는 아이를 보면 화가 치민다. 집중하지 못하는 아이를 붙들고 씨름하다 소리라도 지르면, 아이는 더 짜증을 내며 못 하겠다고 아예 드러누워 버린다. 게다가 온라인 수업 후에 해야 하는 숙제는 왜 이리 많은지 일일이 챙기는 게 너무 힘들다. 하나부터 열까지 부모가 모두 챙겨야 하는 온라인 수업은 이미 엄마의 과제가 되어버렸다.

그런데, 엄마만 힘든 것이 아니다. 아이의 어려움도 장난이 아니다. 아무리 상황이 어려워도 커가는 아이들은 놀아야 하고, 공부해야 하고, 친구와도 즐겁게 어울려야 한다. 그런데 밖에 나가거나 제대로 놀지도 못하는 상황에서 재미도 없는 온라인 수업에만 집중하라고 하니 아이 입장에서는 여간 어려울 수밖에 없다. 더군다나 엄마 몰래 잠깐 게임이나 동영상을 봤다가는 혼나기 일쑤다.

그렇다면 아이가 온라인 수업을 잘 따라가고 있다면 좀 괜찮을까? 그렇지 못하다. 어떤 엄마는 아이가 수업 진도를 잘 따라가고 있을 거라고 믿었는데, 막상 보니 풀이도 제대로 써 놓지 않고 히는 척만 한 것 같아 배신감을 느꼈다고 한다. 이런 모습을 보는 것 자체가 사실 엄마에게 무척 괴로운 일이다. 중·고등학생이라고 다를 게 없다. 아니, 오히려 더 심각하다. 이제 부모가 어찌하지도 못하는 다 큰 아이가 제대로 공부하지 않고 핸드폰만 붙잡고 있으니 부모는 속 끓이다 결국 아이와 한바탕 싸우게 된다.

한편으로는 조금 이상하다는 생각이 든다. 아이들은 변화된 상황에 왜 이렇게 적응하기가 어려울까? 지금까지 아이를 잘 키우려 열심히 노력한 보람이 없어지고, 약간의 환경 변화에서 이렇게까지 무너지는 건 너무 이상하다. 뭔가 다른 이유가 있는 것은 아닐까? 아무리 어려운 상황이라 해도 잘하는 아이는 여전히 잘한다. 오히려 여유가 생기고 온라인 수업도 척척 잘해낸다. 아무래도 분명 뭔가 이유가 있을 것 같다. 바뀐 환경에서 제대로 놀 줄도 모르고, 스스로 공부하기도 어려운 아이들을 잘 도와주기 위해, 우선 그 원인이 무엇인지 알아보아야겠다.

없던 문제가 생겨난 게 아니다.

보통 아이의 공부는 5, 6세 정도부터 시작한다. 초등학교 1학년이면 벌써 2년 이상, 초등 4학년이면 5년 이상 공부하며 학습능력과 적응력을 길러왔다는 말이 된다. 그런데 온라인 수업으로 바뀌었다고 해서 이렇게까지 아이가 적응하지 못하는 것은 분명 그동안 놓친 다른 이유가 있는 것이다. 인정하고 싶지 않겠지만, 아이의 공부에 대한 동기나 의지는 그동안 전혀 발달하지 못했다는 의미로 받아들여야 할 것 같다. 아이는 오랫동안 공부를 해 왔음에도 제대로 된 학습 태도를 기르지 못하고 그저 시키는 대로 기계적으로 따라오기만 했을 것이다.

학습 동기가 없는 아이들은 공부에 대한 거부감을 적나라하게 나타내고 성격에도 문제가 생긴다. 온라인 수업에 적응하기 어렵고, 기본 생활 태도도 모두 무너져 늦게 일어나고 밤늦게 잠드는 등 생체리듬을 망치는 생활을 반복하게 된다.

상호소통방식의 온라인 수업을 진행하는 곳은 이러한 문제가 덜 나타났지만, 일방적 전달 방식 수업에서는 아이들의 문제가 적나라하게 드러난다. 그래서 실시간 쌍방향 온라인 수업으로 바뀌어 가는 추세다. 하지만 여전히 아이들은 선생님이 전달하는 수업 내용을 이해하고, 지시대로 수행하고, 과제를 해내기가 어렵다. 그뿐인가. 궁금한 것을 선생님에게 즉각적으로 질문하기도 어렵다.

아이 관점에서 등교 수업과 가장 크게 달라진 부분이 바로 이 지점이다. 학교 환경은 선생님과 친구들과의 역동적 상호작용이 이루어진다. 앉아있기만 해도 기본적인 수행이 가능하다. 하지만 온라인 수업은 그렇지 않다. 스스로 듣고 생각하고 실행해야 한다. 그야말로 수동적 학습에서 능동적 학습으로의 변화다. 주도적 학습습관이 잘 형성된 소수의 아이만이 수업에 집중할 수 있다. 결국 주도적이지 못했던 많은 아이는 겨우 지탱해 왔던 학습 태도의 문제가 이제 표면으로 드러나기 시작한 것이다.

원인은 또 있다. 학교 선생님들은 온라인 수업을 고학년은 잘 따라오지만, 저학년은 혼자 수행하는 것이 어려울 수 있어 부모님의 도움이 꼭 필요하다고 강조한다. 이는 아직 어린아이들은 부모님이 옆에서 차근차근 설명해 주며 온라인 수업을 수행하는 방법을 익히도록 도와줘야 하는 시기라는 의미가 된다.

BC(기원전)와 AD(기원후)의 의미가 Before Corona, After Corona

로 바뀌고 있다. 이는 육아에도 똑같이 적용되는 말이다. 교육전문가들은 2020년 4월부터 시작된 온라인 학습으로 학습결손의 정도가 심하게 나타나고 있다고 걱정하며, 현재의 온라인 수업을 따라가는 학습능력이 이후의 학습수준에 결정적인 영향을 끼치게 될 것으로 예측한다.

여기서 꼭 짚어야 할 점이 있다. 학습결손이 나타나는 가장 중요한 이유는 공부에 집중하지 못해서이고, 공부에 집중하지 못하는 것은 학습에 임하는 심리적 태도 때문이라는 점이다. 이미 우리 아이에게 형성되어 있던 수동적이고 의욕 없는 태도가 가장 핵심문제다.

결국 없던 문제가 생겨난 게 아니다. 수면 아래에서 모습을 감추고 있던 문제들이 환경의 변화로 터져 나오기 시작한 것이다. 코로나 상황으로 인해 시기가 앞당겨져 나타났을 뿐이지 언젠가 겪을 문제였던 셈이다. 자신의 의지가 아니라 누군가의 강요로 억지로 공부를 지속한 아이들이 초등 고학년과 중학생이 되면서 공부를 거부하고, 부모와의 관계가 극심히 나빠지고, 일탈하는 문제들이 나타나는 현상을 생각해 보면 쉽게 알 수 있다.

그래서 오히려 다행이라는 생각도 든다. 그동안 놓치고 있었던 심리적 어려움과 공부에 대한 근본적인 태도들을 문제가 더 심화되기 전에 빨리 알 수 있게 되었으니 말이다. 그런 의미로 지금 당장은 힘들겠지만 현재 이 상황을 부모로서 아이를 도울 수 있는 좋은 기회로 여기면 좋겠다.

어떤 문제가 잠재되어 있었는지 알게 되었다면, 이제부터는 아이를 변화하고 발전시킬 수 있는 방법을 배워서 이끌어 줘야 한다. 그 방법은 아침부터 잠자리에 들기까지 아이와의 건강한 대화와 상호작용에서 시작된다. 투정과 심술을 부리는 아이에게는 무슨 말을 해야 할지, 공부하기 싫다며 힘들어하는 아이에게는 어떻게 말하면서 도움을 줄지 생각해야 한다. 이런 때일수록 아이를 위로하고 힘을 줄 수 있는 부모의 말이 필요하다.

아이의 마음과 정신을 키우는 일은 결국 부모의 좋은 언어다. 어떤 상황에서도 건강하고 성숙하게 발전하기 위해서는 다시 기본으로 돌아가 아이의 마음을 돌보고 부모로서 좋은 행동의 습관을 만들어 가는 것이 가장 중요하다. 이제 다양한 상황에서 아이의 힘든 마음이 무엇이고 부모가 겪는 어려움이 어떤 것인지 살펴보고, 아이에게 어떤 말을 어떻게 해야 좋은 변화로 한 걸음씩 성장할 수 있는지 차근차근 알아보자.

02

이럴 땐 뭐라고 말해야 할지
모르겠어요

🙍 초1, 초3을 둔 직장 엄마예요. 퇴근하면 저녁 8시, 밥 먹고 정리하고 9시부터 아이들의 온라인 수업을 점검해요. 그런데 아이들의 학습 상태가 엉망입니다. 그냥 영상만 틀어두고 출석 체크만 했지, 수업 내용은 전혀 듣지 않았어요. 다시 문제 풀어보라며 아이들을 달달 볶고 고래고래 소리 지르다 보면 저도, 아이들도 지칠 대로 지쳐버려요. 악몽 같은 날들이에요. 그렇다고 안 시킬 수도 없고…. 어디로 떠나버리고 싶은 생각밖에 안 드네요. 어떡하면 좋나요?

🙍 6살 난 아들이에요. 다들 3살이면 학습지를 시작한다지만 전 너무 극성을 부리면 좋지 않을 것 같아 지금껏 아무것도 시키지

않았어요. 그런데 6살이 되니 또래 아이 중에 한글을 모르는 아이가 별로 없더라고요. 코로나 19 때문에 유치원에도 안 가고 집에만 있으니, 이참에 학습지로 가르치기 시작했는데 그것도 하기 싫어하네요. 심지어 하기 싫은 걸 왜 해야 하느냐고 따지듯이 물어요. 한글을 알아야 똑똑해지고, 친구한테 편지도 쓰고, 재미있는 책도 읽을 수 있다고 하니 대답이 더 걸작이에요. 자기는 한글을 몰라도 친구들보다 더 똑똑하대요. 친구한테 편지를 쓰는 대신 그림을 그려줘도 친구가 좋아한다네요. 책은 엄마가 계속 읽어주면 되니까 자기는 한글을 배울 필요가 없다고 말합니다. 어떻게 해야 아이가 한글을 공부하겠다고 마음먹게 할 수 있을까요?

초등학교 1학년 딸입니다. 어릴 적부터 뭐든 열심히 하고 야무진 아이예요. 그런데 완벽하게 하지 못하면 짜증이 심해요. 코로나로 학교에 안 가니 집에서 받아쓰기 연습도 하고 공부시키는데 한 문제만 틀려도 엄마 때문이라고 성질을 부립니다. 다시 연습하면 된다고 타일러도, 원래 연습할 때는 틀리는 게 정상이라고 말해주어도 소용이 없습니다. 그러면 더 화내고 울기까지 합니다. 무슨 강박증도 아니고 아직 어린데 벌써 이렇게 점수에 연연해 하는 건 문제 아닐까요? 어떻게 하면 아이가 더 여유롭게 공부하고, 답이 틀려도 성숙하게 다시 복습하는 태도를 가질 수 있을까요? 아이가 그럴 때마다 한편으로는 스스로 열심히 공부하겠다 싶어서

든든한 마음도 들지만, 공부하는 걸 저렇게 괴로워하면 나중에 아예 손을 놓아버릴까 걱정됩니다. 무엇보다 짜증 내는 아이를 보는 게 너무 괴롭습니다. 좋은 방법 좀 알려주세요.

초등학교 2학년 아들입니다. 3살 터울의 남동생을 자꾸 때려요. 아무리 때리지 말라고 타이르고 달래고 때로는 혼내봐도 소용이 없어요. 이제는 혼내기 시작하면 아예 귀를 막아버립니다. 이러다 제가 아이를 더 때릴 것 같아요. 때리지 말라고 야단치면서 정작 제가 아이를 때리며 훈육하는 건 말이 안 되는 것 같아 참으려니 더 미치겠어요. 어떻게 해야 아이가 말을 들을까요? 무슨 말을 어떻게 하면 좋을지 제발 좀 알려주세요.

직장 엄마예요. 5살 난 아들을 떼어놓고 직장에 나갑니다. 3살까지는 친정어머니가 맡아주셨고 4살부터는 어린이집에 보내기 시작했습니다. 엄마가 회사에 다니는 걸 아이도 받아들여야 할 것 같아서 아침에 아이가 울어도 단호하게 떼어놓고 출근합니다. 그런데 아이가 점점 안 좋은 반응을 보입니다. 엄마랑 떨어지는 데 적응하는 게 아니라 점점 더 악을 쓰고 틱 현상도 나타나는 것 같아요. "엄마는 일을 해야 해. 갔다 와서 놀아줄게. 자꾸 울면 엄마 안 올 거야" 하고 말했거든요. 더 어릴 때는 아이 몰래 출근하는 일도 잦았어요. 이제 아이에게 무엇을 어떻게 해야 할지 모르겠습니다. 이런 아이도 나아질 수 있나요? 전 직장을 그만두고 싶지 않아요. 직장에 계속 다니면서도 아이를 잘 키울 수 있을까요? 우는 아이에게 뭐라고 말해야 아이가 아침에 하는 이별을 잘 받아들일 수 있을까요?

갓난쟁이부터 초중고생, 대학생 자녀까지 아이를 둔 엄마라면 이런 고민에서 자유롭지 않을 것이다. 아이가 점점 커가면 정도가 더 심해지고 엄마에게 대들고 반항하기 시작한다. 엄마는 아이와 부대끼는 각각의 상황에서 무엇을 어떻게 말해야 할지 몰라 힘겹다. 엄마 노릇이 힘든 첫 번째 이유는 자신이 아는 대로 아이를 키웠는데 잘 안 되기 때문이다. 그래서 이럴 때 무엇을 어떻게 해야 할지 명쾌한 답을 알려달라고 요청한다.

한 번이라도 본 적이 있는 아이에 관한 조언이라면 그리 어렵지 않다. 아이의 성격상 특징도 알 수 있고, 자라온 환경도 어느 정도 알고 있으니 아이에게 맞는 방법을 조언해줄 수 있다. 하지만 얼굴도 본 적 없는 아이에 관한 고민을 말하며 무엇을 어떻게 해야 할지 질문할 때는 어떤 아이에게라도 잘 맞는 가장 기본적인 방법, 이론에 머무는 것이 아니라 현실적으로 실현 가능한 방법을 조언해야 한다. 그러니 아주 잠깐이지만 내가 아는 모든 지식과 경험을 동원해 가장 적합한 방법을 떠올리려 노력하게 된다.

하지만 이때도 한 가지 정보를 얻을 수 있는데, 바로 고민을 말하는 엄마의 표정과 몸짓, 목소리 톤과 말투 등 비언어적 메시지를 통해 아이가 어떻게 느끼고 생각할지 짐작해볼 수 있다. 그러면 좀 더 아이에게 맞는, 그 엄마가 할 수 있을 만한 방법을 조언하게 된다. 하지만 다양한 상황에서 아이를 키우며 시시각각 고민에 빠지는 엄마들에게 말로 아닌 글로만 전달할 때는 상당히 많이 고민하고 연구한다. 모든 아이에게 다 통하는 방법, 어떤 아이라도 모두 해당하는 방법, 엄마가 쉽게 따라 할 수 있는 방법을 전해야 한다.

과연 모든 아이에게 통하고 효과적이면서도 엄마가 쉽게 할 수 있는 방법이 있을까? 물론 있다. 다양한 방법 가운데 엄마가 가장 쉽게 할 수 있는 것은 '말'이다. 비용도 노력도 가장 적게 드는 것이니 당연하다. 하지만 말을 잘하기 위해 따로 공부해야 한다고 생각하기는 쉽지 않다. 저절로 배우는 것이 말이고, 한국어를 할 줄 모르는 한국 엄마는 없으니 무슨 말을 더 배울 필요가 있겠는가? 하지만 분명 사람의 마음은 한마디 말, 한 단어, 한 글자에 따라 오락가락한다. 오죽하면 '아' 다르고 '어' 다르다는 말이 있겠는가? 유행가 가사처럼 점 하나 찍으면 '님'이 '남'이 되어버리는 것이 '말'이다.

엄마는 아이에게 '님'처럼 대했지만 아이는 엄마를 '남'처럼 느꼈다면 이제 정말 엄마에게 말 공부가 필요할 때다. 최소한 아이를 대하면서 '이럴 땐 무슨 말을 어떻게 해야 하지?' 하는 궁금증을 한 번이라도 가졌다면 이제 '엄마의 말 공부'를 시작해야 할 때다.

엄마에게 꼭 필요한 것,
말 공부

엄마의 말 중에서 듣기 싫은 말이 무엇인지 초등학생 아이들에게 물었다. 별 망설임 없이 많은 이야기가 쏟아져나온다.

듣기 싫은 엄마의 말

공부 안 하고 뭐 해?

숙제 언제 할 거야?

100점 받으면 사줄게.

넌 몰라도 돼. 엄마가 알아서 할 테니까 넌 공부해.

너 학원 가야겠다. 엄마가 학원 알아봤어.

너 때문에 창피해 죽겠어. 어떻게 엄마 얼굴에 먹칠을 하니?

공부 못 하면 사람 취급 못 받아.

너 뭐 해먹고 살래?

다 널 위해서 하는 말이야.

하지 마.

그만해.

넌 안돼.

넌 못해.

○○는 잘하는데, 왜 그래!

왜 사랑하는 아이가 이런 가슴 아픈 말을 마음에 품고 살게 하는가? 이 말들은 가시처럼 아이를 끊임없이 찔러댄다. 지금은 엄마가 더 이상 이런 말을 하지 않는다 해도 아이의 마음속에는 상처받았던 그 말들이 여전히 남아 있다. 그러니 우리에겐 현재 상처주지 않는 말도 필요하고, 아이 마음속에 가시가 되어 박혀 있는 아픈 말을 녹여낼 말도 필요하다. 이제는 사랑한다는 말만으로 모든 것을 포장할 수 없다. 사랑하지만 상처를 주고, 사랑하지만 불편하기만 하고, 사랑하지만 보기가 겁나거나 집에 들어가기가 무섭다면, 사랑하지만 더 이상 목소리도 듣고 싶지 않은 엄마가 되기 싫다면, 엄마에게 말 공부가 필요하다는 사실을 잊지 않았으면 한다.

그렇다고 너무 걱정하지는 말자. 새로운 외국어를 배우는 것이 아니라, 이미 다 알고 있는 말 중에서 잘 골라내어 언제 어떤 상황에서 어떤 말을 사용하면 되는지 명확하게 정리해 마음에 새기면 된다. 음식을 만들 때 좋은 재료를 고르고 다듬고 조리하는 순서를 지키는 정도의 노력이면 충분하다. 요리도 이렇게 정성을 다하는데 사랑하는 아이에게 언제 어떤 말을 어떻게 하는지 배우기를 거절할 엄마는 없지 않을까?

아이는 엄마가 자기에게 눈을 맞추고 따뜻한 표정으로 대화하는 상호작용을 통해 제대로 배운다. 아이에게 들려준 엄마의 대화 실력이 왜 부족하겠는가? 다만 엄마가 아이와 어떤 말을 나누어야 하는지 모를 뿐이다.

아이들과 이야기를 나누다 보면 많은 아이들이 이렇게 말한다.

🧒 "우리 엄마도 선생님처럼 말했으면 좋겠어요."
🧑 "선생님이 어떻게 말했는데?"
🧒 "친절해요. 그리고 제 마음을 어떻게 아셨어요?"

친절한 말을 듣고 싶단다. 그리고 엄마가 자신의 마음을 알아주면 좋겠단다. 왜 엄마는 아이에게 이런 말을 해주지 못하는 걸까? 반대로 상담가는 어떻게 이런 말을 쉽게 할 수 있을까? 상담가도 아이의 마음에 친절하게 다가가는 말과 아이의 마음을 알아주는 말을 저절로 알게 된 것은 아니다. 아주 비싼 값을 치르며 공부하고 수련을 받는다. "서서히 망하려면 상담을 공부하라"는 슬픈 농담이 있을 만큼 큰돈을 들여 공부한다.

이 책에서 전하는 내용은 오랜 시간 상담을 배우고 실천한 것들의 핵심을 엮은 것이다. 미묘한 말의 차이가 아이의 마음에 끼치는 영향을 배우고 또 경험하며 알게 된 것들이다. 배운 말들을 아이에게 적용하는 긴 시간의 깨달음을 통해 정말 효과가 있는 말과 이론에 그치는 말을 구분해내어 거른 말들이다. 이런 말을 사용해 아이들과 대화를 나눴더니 어느새 아이들이 이렇게 말해주는 것이다.

상담가의 공부는 전부 '말' 공부다. 심리치료는 대화치료talking cure라고 부르기도 한다. 그런데 최근에는 이를 좀 더 발전시켜 의사소통치료communication cure라 표현한다. 일방적인 말이나 이성적인 대화, 개념과 생각만을 나눈다고 변화가 일어나는 것은 아니라는 뜻이다. 아이와 교감하고 소통하면서 심리치료가 완성되고 아이가 성장해간다.

다양한 심리이론과 기법을 배우지만 결국 그것을 실천하는 도구는 '말'이다. 배우고 실천하며 깨달은 말들이 아이의 마음을 움직이는 데 결정적인 역할을 하는 것을 보면서 엄마가 직접 아이에게 제대로 된 말을 전해준다면 얼마나 좋을까 생각한다. 그러면 굳이 상담실을 찾기 전에 엄마와 아이가 서로 상처를 치유하고 더 멋지게 성장할 수 있을 텐데. 엄마와 아이가 더 행복하고 즐거운 나

날을 보낼 수 있을텐데 말이다. 다 아는 말이니 더 배울 것이 없다고 생각하지 않기를 바란다. 엄마에게 꼭 필요한 것은 '말 공부'임을 다시 한 번 강조하고 싶다.

모든 아이에게 통하는 효과적인 말이 있을까?

다음 사례에서 ○와 □ 안에 들어갈 말을 써넣어보자.

○살 딸아이가 □에서 친구가 자기랑 안 논다고 말했대요. "너도 걔랑 놀지 마"라고 할 수도 없고, "잠시 기분 나빠서 한 말일 거야"라고 말해줘도 어쩐지 공허하고, 그렇다고 그 아이의 엄마한테 전화해서 우리 아이랑 잘 놀게 해달라고 부탁하기에는 자존심 상하고, 왜 따돌리느냐고 따지는 것도 작은 일을 왕따 사건으로 만들어버릴까 봐 조심스러워요. 공연히 긁어 부스럼 만드는 것 같은 생각도 들고요. 이럴 때 어떻게 해야 할지 모르겠어요. 아이한테 뭐라고 말해야 아이가 친구랑도 잘 지내고 인기도 많아질까요?

○살 아들입니다. 우리 아이는 무조건 "몰라요"만 반복합니다. □에서 어땠는지, 친구랑 재미있게 놀았는지, 뭐 하고 놀았는지 물어도 모른다고 대답합니다. 숙제 언제 할 건지 물어도, 심

지어 저녁에 뭘 먹고 싶은지 물어도 모른다고 답해요. 제가 먼저 "오늘 급식 식단표 보니까 돼지고기 나온다던데 맛있었어?" 하고 물으면 "응" 하고 끝나요. 친구랑 재미있게 놀았느냐고 물으면 그렇다고 대답하지만 뭐가 제일 재미있었는지 물으면 또 모른다고 답해요. 아이가 "몰라요."라는 말을 시작한 건 아마 4~5살 정도였던 것 같습니다. 그전에는 더듬거리는 발음으로도 이런저런 말을 했는데 요즘은 왜 이렇게 모른다는 말만 하는지요. 혹시 엄마가 자주 혼을 내서 그런가요? 엄마가 아이에게 사과하면 좋다고 해서 요즘은 혼내고 나면 꼭 사과도 하거든요. 그래도 별 변화가 없습니다. 도대체 어떻게 해야 우리 아이와 대화를 잘할 수 있을까요?

○ 안에는 아이의 나이를, □ 안에는 유치원이나 학교를 넣어보자. 아마 어떤 나이든 유치원이든 학교든 별 상관 없이 이런 고민을 하는 엄마라면 비슷한 일을 경험하고 있다는 사실을 알 수 있다. 이럴 때 엄마의 바람대로 아이와 대화를 잘하고 아이의 행동에 변화가 생기도록 도와줄 방법이 있을까? 결론은 '있다'이다.

20년간 3만 시간 이상 엄마와 아이들을 만나 상담하면서 아이의 마음을 움직이고 좋은 행동으로 변화를 이끄는 '엄마의 언어'가 있음을 깨달았다. 특정 성격의 아이에게만 맞는 것이 아니라 어떤 아이라도 그 마음속에 존재하는 마음의 원리를 안다면 가능하다. 그러다 보니 어느새 나의 상담과 심리치료는 일정한 패턴을 갖게 되었다. 아이를 처음 만나면 무엇을 어떻게 말하고 행동해야 하는지, 조금씩 친해지고 나서는 또 무엇을 말해야 하는지 마치 상담의 핵심 정수만 남은 느낌이다.

내가 하는 말에 영향을 받은 아이는 잔뜩 긴장하며 방어벽으로 닫았던 마음의 문을 서서히 열기 시작한다. 잔뜩 움츠렸던 마음을 서서히 펴기 시작하더니 조금씩 눈을 맞추며 자신이 안전한지, 자기 속마음을 있는 그대로 표현해도 괜찮은지 탐색하고 정찰한다. 안전함을 깨달은 아이는 그때부터 자기 마음을 활짝 열어 자신이 어떤 아이인지 보여주기 시작한다. 이럴 때 참 기쁘다. 주눅이 들어 못 하던 말도 편하게 하고, 화내지 않고 말도 잘한다. 한마디로 정서적 안정을 되찾은 것이다. 그런데 또 한참 지나니 이것만으로는 부족했다.

아이의 성장이란 행동에 변화가 있어야 한다. 정서적인 안정을 찾은 아이 가운데 일부는 바로 행동이 변하기도 하지만, 여전히 문제 행동이 계속 되는 아이도 있다. 똑같이 했는데도 어떤 아이는 행동까지 달라지고, 어떤 아이는 여전히 아기같이 엄마의 사랑만 확인하고 싶어 한다. 물론 그 차이도 엄밀하게 분석해보면 원인을 알 수 있겠지만 그렇게까지 하려면 너무 복잡하고 힘이 든다. 어떤 아이라도 행동의 변화까지 얻을 수 있는 말이 필요하다. 모든 아이에게 통하는 효과적인 부모의 말이 있어야 한다.

과연 그런 게 있을지 걱정할 필요는 없다. 아이의 마음의 원리를 찾아가다 보면 분명히 있음을 확인할 수 있다. 그리고 언제나 아이들은 말의 힘을 증거로 확인시켜 준다. 상담을 시작한 지 3개월 된 초등학교 2학년 남자아이가 아빠에게 이렇게 말했다고 한다.

"아빠도 상담 좀 받아보세요. 그럼 마음이 편해지실 거예요."

화를 잘 내는 아빠에게 겁먹거나 주눅이 들지 않고 어른스러운 충고를 할 수 있게 된 힘이 어디서 왔는지 짐작할 수 있다. 아이에게 들려준 상담가의 말들이 아이의 마음에 위로가 되고 힘을 준 것이다. 그런데 그 말은 아이가 엄마에게 듣고 싶었던 말이었다. 다만, 아직 그 말을 잘 모르는 엄마를 대신해서 상담사가 들려준 것뿐이었다. 어떤 말이 아이가 듣고 싶은 진짜 엄마의 말인지 차근차근 알아보자.

04

감정 읽어주다
말문이 막힌 엄마들

'구나 타령' 모르는 엄마는 없다

"'~구나' 모르는 분 손 들어보세요."

부모 교육을 할 때마다 꼭 던지는 질문이다. 손드는 사람이 한 명도 없을 뿐 아니라 서로 얼굴을 바라보며 '맞아, 우리 다 알고 있어'라는 표정으로 허탈한 웃음소리를 낸다. 아이를 잘 키우기 위해 양육서를 읽거나 부모 교육 강의를 들으러 오는 엄마라면 '~구나'를 모르는 사람은 정말 한 명도 없다. 십여 년 전부터 시작된 '아이 감정 읽어주기'가 교육 현장과 부모들 사이에 많이 알려졌기 때문이다. 좋은 현상이다. 그런데 그다음, "계속 사용하시나요?"라고 물으면 다 같이 "아니오"라고 대답한다. 모르는 사람은 없지만 계속 사용하는 사람이 별로 없다는 말이다. 배워서 알고 있는데도 잘 안 되는 이유는 뭘까? 자세히 살펴보면 잘 안 된다는 말속에는 사연이 있다.

첫 번째는 그 말이 입 밖으로 나오질 않는다는 것이다.

"말이 목에 걸려서 나오지 않아요."
"욱하고 치미는 화를 참고 말해야 하는데 그게 너무 힘들어요."
"말해주고 싶지 않아요. 왜 나만 이렇게 노력해야 해요?"

지금 우리가 배우는 대부분의 대화법은 서양의 대화법이다. 우리는 누가 내 감정을 알아준 경험이 절대적으로 부족하다. 서로 감정을 끄집어내어 대화를 나누어본 경험도 별로 없다. 문화적 차이라 할 수 있다. 그래서 "속상하구나", "힘들구나"라는 말을 아무리 배워도 목에 걸려 나오지 않는다. 물론 여기에는 또 다른 이유도 있다. 화나는 감정을 참고 말하는 것이 힘들기 때문이다. 감정이란 자기 의지대로 조절되는 것이 아닌데 올라오는 화를 꾹 참고 말하기가 여간 노력이 필요한 게 아니다. 말 한마디에 이렇게 큰 노력이 필요하다면 너무 힘든 과제가 아닐까 하는 생각도 든다. 알고도 못 하는 가장 큰 이유는 내 감정을 억눌러야 한다는 전제가 필요하기 때문이다.

두 번째 이유는 '왜 나만 이렇게 참고 노력해야 하지?' 하는 원망 때문이다. 그동안 엄마도 아이에게 상처를 주었지만, 아이가 엄마에게 준 상처도 엄청나다. 엄마도 사람인지라 아이에 대한 원망 때문에 더는 나 혼자 노력하고 싶지 않다고 생각하는 경우도 꽤 있다. 게다가 남편이 육아에 비협조적일 때는 이런 마음이 무척 강해질 수밖에 없다. 이 같은 여러 가지 이유가 배운 말을 제대로 써먹지 못하게 한다.

이렇게 확실한 이유가 있다면 잘하지 못한다고 스스로를 비난하거나 능력 없는 엄마라 자책하지 말자. 죄책감을 갖기보다는 전문가에게 슬쩍 책임을 떠넘겨보자. 우리에게 맞는 대화법을 가르쳐달라고 한번 떼를 써보면 어떨까? 가르쳐주려면 쉽게 할 수 있는 방법을 가르쳐줘야지 왜 어려운 걸 가르쳐주고선 죄책감만 들게 하는지 따져도 좋겠다. 혹시 그들이 가르쳐주지 않는다면 잘 안 되는 이유를 좀 더 차근차근 짚어보고 함께 찾아보자. 분명 더 쉽게 잘할 수 있는 방법이 있다.

'~구나' 다음에 말문이 막힌 엄마들

세 번째는 말을 할 수는 있지만 뭔가 잘못된 경우다. 어떤 엄마는 말하는 데는 성공하지만 그다음에 할 말이 없어 말이 막혀버린다.

"아! 또 공부해야 돼. 공부를 왜 해야 하는 거야, 도대체!"

아이가 이렇게 말하자 엄마는 공식대로 "공부하기 싫구나"라고 말했다. 그랬더니 아이는 "응, 하기 싫어"라고 대답한다. 대화가 이렇게 진행되면 엄마는 그다음에 할 말을 잃어버린다. "하기 싫구나"라고 마음을 읽어주었으니 하기 싫다는 아이에게 그래도 하라고 말하면 마치 놀리는 듯한 대화가 되어버리기 때문이다. 그렇다고 "그럼 하지 마"라고는 더더욱 말할 수 없다. 어떻게 엄마가 아이에게 공부하지 말라고 할 수 있겠는가? 그러니 배워서 잘 써먹으려 마음먹고 실천까지 했는데 결국에는 말이 막혀버리고 만다. 실제로 어떤 엄마는 아이가 "네, 하기 싫어요"라고 말하자 그야말로 뚜껑이 열려 아이에게 비난하는 말을 마구 쏟아냈다고 한다.

"그래? 공부가 싫구나? 그럼 하지 마. 하지 말라고!"

엄마가 이렇게 노력하는데 아이가 몰라주니 그 답답함에 화가 더 나는 상황이다. 이래서야 엄마에게도 아이에게도 도움이 되지 않는다. 아이가 힘들어하고 속상해하는 일은 대부분 아이가 참고 해내야 하는 일이다. 이렇게 한두 번 힘든 마음을 알아주다 보니 더는 뭐라 말해야 할지 몰라 이제는 아예 그런 말에는 대꾸를 안하게 된다. 아이의 힘든 마음을 알아주면 아이가 꼭 해야 하는 일을 하지 않게 될까 봐 걱정되기 때문이다. 결국 엄마는 아이가 꼭 해야 하는 일을 힘들어할 때 "힘들구나"라고 말하지 못한다.

네 번째 사연은 사용하긴 했지만 잘못 사용했거나 제대로 사용했는데 부작용이 생긴 경우다.

"온라인 수업을 집중해서 들었으면 좋겠구나."
"숙제를 먼저 다 하고 놀았으면 좋겠구나."
"동생하고 사이좋게 지냈으면 좋겠구나."
"방 청소를 잘했으면 좋겠구나."

이것은 잘못 사용해서 실패한 예다. 과연 누구의 마음을 읽어준 것일까? 아이의 마음을 읽어주는 데 사용한 것이 아니라 친절한 태도를 가장해 지시를 내렸다. 이렇게 말하면 분명 아이에게 이런 말을 듣게 될 것이다.

"제발 그 '구나' 타령 좀 안 하면 안 돼요? 하던 대로 해요. 정말 듣기 싫어요. 차라리 혼내시라고요."

차라리 혼내면서 말하면 약간의 반항과 원망이라도 할 수 있으니 아이가 견딜 만한데, 친절한 척 말하면서 할 말을 다 해버리니 아이 입장에서는 뭘 어떻게 해야 할지 몰라 더 답답하다.

반면 제대로 잘 사용하는 엄마도 많다.

"숙제가 힘들구나."

"온라인 수업 듣기 힘들구나."

"학원 가기 싫구나."

"동생 때문에 화가 많이 났구나."

이렇게 열심히 제대로 아이의 마음을 읽어주는 엄마도 있다. 아이의 마음을 알아주기 위해 엄마 입장에서 입 밖에 내기 어려운 말까지 꺼낸다. 그런데 아이의 행동이 이상하다. 더 짜증을 내고, 더 말을 안 듣고, 전에는 잘하던 숙제까지 하기 싫다며 투정을 부린다. 제발 좀 달라지기를 바라는 간절한 마음으로 노력했는데 엉뚱한 결과만 나오니 어이가 없다. 뭔가 이상하다. 분명 뭔가 잘못된 것이다.

솔직히 말하면 이런 상황은 당연하다. 그동안 혼내기만 하고 무섭던 엄마가 마음을 알아주니 "누울 자리를 보고 다리를 뻗는다"는 속담처럼 아이도 이제 엄마가 자기 마음을 계속 받아줄 것 같아 투정을 부린다. 하지만 이를 모르는 엄마는 더 혼란스럽다. 이렇게 노력했는데 아이의 말도 안 되는 투정까지 받아줘야 하니 힘겹기만 하다. 노력해도 달라지지 않는 아이를 보면 이제는 차라리 하던 대로 하는 게 낫겠다는 생각을 하게 된다. 어쩌면 당연한 결과다. 노력했는데도 성과가 없으니 누가 그 방법을 계속하겠는가?

05

제발 좀 달라져라

한밤중에 잠 안 자는 어린아이를 업고 제발 잠 좀 자자며 밤하늘의 별을 보며 울던 시절도 다 잘 지나왔다. 아장아장 걷는 모습을 보며 예뻐하다가 "엄마", "아빠" 한마디 뱉는 소리에 감탄하고 감격하는 시간도 있었다. 아이가 나에게 와준 것에 감사하고 아이가 없는 삶을 생각지도 못할 만큼 행복한 순간도 있었다. 그런데 이제는 때가 되었다. 스스로 챙길 것을 챙기고 할 건 할 줄 알아야 하는 나이가 되었다는 말이다. 그런데 아이는 여전히 그걸 모른다. 잘해주면 더 생떼만 부리고, 혼내면 성질을 낸다. 숙제 안 하고 알림장 안 챙기고 장난감 안 치우고 혼자만 욕심 부리는 아이, 여러 번 말해도 귓등으로도 안 듣는 아이가 되어간다. 엄마가 입에 "제발 좀!"이라는 말을 달고 산다.

이제 정리를 해보자. 감정 읽기가 제대로 되기만 한다면 아이의 정서는 분명히 안정된다. 짜증과 화가 줄어들고 미소 짓고 웃는 일이 많아진다. 말도 많이 하고 엄마 아빠를 사랑한다며 사랑스러운 애정표현도 잘한다. 친구와 문제가 줄어들고 즐겁게 잘 논다. 치료적 퇴행이 나타나도 그 시간 동안 엄마가 아이의 마음을 잘 알아줄 거라고, 더는 불안해하지 않아도 된다고 다독여주면 그 시간도 잘 지나 심리적으로 안정되는 것을 확인할 수 있다. 이 정도면 충분했다, 한동안은.

하지만 여전히 아이는 하루하루 성장해가고, 해야 할 과제와 공부는 늘어난다. 아무리 감정을 읽어주어도 엄마가 가장 바라는 지점에서의 변화는 매우 미미하다. 어떤 집은 엄마가 아이의 마음만 알아주어도 숙제를 뚝딱 해치우는 행동의 변화까지 나타난다는데 우리 집 아이는 그렇지 않을 수도 있다. 감정을 읽어주어도 변화에 차이가 있는 이유가 있다. 아이마다 기질과 성격이 다르고, 그간 쌓인 상처의 깊이가 다르기 때문이다. 엄마가 적용하는 정도도 절대 같을 수 없다. 그럼에도 전반적으로 효과가 있으므로 전문가들은 아이의 감정을 알아주고 읽어주는 일이 중요하다고 강조한다.

그렇다면 행동의 변화는 언제 나타나는 걸까? 이 대화법을 계속 사용하다 그만두는 엄마들은 하나같이 말한다. 처음에는 좀 변하는 것 같더니 나중에는 별로라고, 그래서 안 하게 되었다고. 이제는 좀 다른 방법을 찾아보자. 다 아는 '말'이니 더 배울 것이 없다고 생각하지 않기를 바란다. 좀 더 쉽고 효과적인 방법이 분명히 있다.

고민이 달라졌어요

코로나 19로 인해 달라진 일상에서 정신과나 상담센터를 찾는 고민의 종류도 많이 달라졌다. 예전엔 3, 4월이면 새 학년 적응이 어려워 불안 심리와 시회성 문제로 상담실을 찾는 경우가 무척 많았다. 따돌림과 학교 폭력 문제로 인한 심리적 어려움을 호소하는 경우도 굉장히 많았다.

그런데 코로나 19 이후 등교 패턴이 달라지자 왕따와 학교 폭력 문제는 눈에 띄게 줄어들었다. 오히려 제한된 일상과 친구와 놀지 못해 생겨나는 무력감과 우울감을 호소하는 경우가 많아졌다. 더 두드러진 현상은 종일 제대로 공부하지 않고 빈둥거리며 스마트폰만 쥐고 있는 아이와 이런 아이의 행동수정을 바라는 부모들의 요청이 더 많아지고 있다는 것이다. 또한 활동량의 부족으로 체중이 늘고 비만이 생기는 경우도 무척 많아 전반적인 생활 관리에 대한 방법에 대해 자문을 구하기도 한다.

흥미로운 점은 반대의 경우도 있다는 점이다. 지금 상황이 모든 아이에게 어렵기만 한 건 아니다. 어떤 아이는 등교하지 않아서 너무 좋다고 말한다. 지금의 이 상황이 아이에게 오히려 안정과 평화로움을 가져다준 것이다. 학교 적응이 어려웠거나, 친구 없이 외로움을 겪었던 아이들, 그리고 엄마와의 관계불안이 있던 아이들이 특히 그렇다.

초등학교 2학년인 정현이는 학교에 가지 않고 온라인 수업이 더 좋다고 말한다. 그 첫 번째 이유가 "혼나지 않으니까"였다. 정현이는 섬세하고 여린 성격이라 자신이 혼나지 않아도, 누군가가 옆에서 혼이 나면 마음이 불편해지는 아이다. 선생님이 조금만 무서워도 말을 잘 못하는 아이다. 그러니 가끔만 학교에 가는 지금이 더 좋다고 말한다. 작은 실수를 해도, 숙제를 하지 않아도 직접 혼나지 않으니 오히려 안전하다고 여기는 것이다. 물론 싫은 점도 많다. 온라인 수업이 끝나도 해야 하는 과제가 남아 있고, 학습일지도 써야 하고, 컴퓨터로 영어를 따라 읽어야 하고, 잠시 TV를 보고 쉰 다음에 다시 공부하고⋯. 이런 과정이 쉽지는 않지만, 그래도 온라인 수업이 더 좋다고 한다.

이런 아이는 지금의 시간을 휴식과 치유의 시간으로 만들어야 한다. 그동안 상처 난 마음을 다독여주고, 차근차근 수업을 잘 따라 하는 모습을 충분히 칭찬해 주면서 마음의 힘도 키우고 자기 주도 학습능력의 기반을 마련해 주는 시간이 되어야 한다. 다시 정상 등교가 시작되더라도 자신 있고 당당한 학교생활을 할 수 있도록 말이다.

　사람의 마음과 정신은 결국 지금 이 순간을 어떻게 지내는가에 따라 감정과 생각이 달라진다. 혹시 하루의 일상이 무너졌다면 다시 건강하게 복구하고 보다 바람직한 생활로 이끄는 것이 무엇보다 중요하다. 그러기 위해 엄마의 말은 너무나 중요하다. 엄마라면 꼭 알아야 할 '엄마의 전문용어'를 알아보자.

일상에서 써먹는
엄마 전문용어의 힘

엄마라면 꼭 알아야 할
'엄마의 전문용어 5가지'

세상 각각의 분야마다 모두 전문용어가 있다. 의사의 전문용어, 엔지니어의 전문용어, 법관의 전문용어……. 그렇다면 세상의 일들 중 가장 의미 있고 소중한 역할인 엄마라는 역할에도 전문용어가 있지 않을까? 엄마의 전문용어를 떠올려보자. 어떤 용어가 떠오르는가?

'아이가 짜증낼 땐 이렇게 말하면 아이의 마음이 안정돼.'
'아이가 숙제하기 힘들어할 때는 이런 말이 적절해.'
'형제가 싸울 땐 이렇게 말하면 평화롭게 상황을 마무리할 수 있어.'

만약 당신이 각각의 상황에서 사용하는 언어가 정말 전문적이라 생각한다면 아마 당신은 엄마 역할을 잘하고 있을 것이다. 반대로 연상되는 말이 별로 없거나 지나치게 일반적인 말이나 말해봤자 소용없는 말을 반복하고 있다면, 어쩌면 엄마 역할에서 고전하고 있는 것일 수 있다. 전문용어가 중요한 이유는 그 용어를 제대로 알기만 해도 다른 것은 좀 부족해도 잘해나갈 수 있기 때문이다. 지금껏 아이를 키우는 일이 힘들었다면 어쩌면 전문용어를 몰랐기 때문이 아닐까? 지인 중에 영어를 잘 못하는데도 박사학위를 받은 사람이 있다. 영어를 잘 못하는데 어떻게 박사까지 공부했는지 물으니 이렇게 말한다.

"영어를 못하기 때문에 전문용어만 열심히 외웠어요. 그랬더니 큰 문제없이 잘해나갈 수 있었어요."

그렇다. 이것이 전문용어의 힘이다. 많이 부족하고 실수하며 아이를 키워도 전문용어만 사용한다면 잘 키울 수 있다. 엄마의 전문용어를 제대로 배워보자. 물론 아이를 키우는 데 필요한 칭찬, 믿음, 지지, 격려 등의 좋은 언어도 모두 의미 있고 유용하다. 이런 언어는 아이에게 관심을 가지는 따뜻한 사람들이 들려준다. 그중에서도 엄마는 아이에게 가장 특별한 사람이다. 그래서 엄마의 언어에는 특별한 전문용어가 필요하다. 엄마의 전문용어는 아이 마음의 가장 핵심에 가닿아서 아이의 마음을 움직이고 행동을 변하게 하는 언어다.

02

엄마의 전문용어 ①

힘들었겠다

고통이 있음을 알아주기만 해도 전혀 다른 모습, 다른 의미가 된다.

- 《오제은 교수의 자기 사랑 노트》(오제은 지음, 샨티, 2009) 중에서

엄마 노릇은 늘 힘들다. 그렇다면 아이는? 아이도 참 힘들지 않을까? 요즘 아이들은 눈만 뜨면 뭔가를 해야 한다. 아이가 태어나서 최소한 10살까지는 마음 가는 대로 하고 싶은 대로 놀아야 하는데 우리의 현실은 그렇지 않다. 태어나서부터 해야 할 일이 너무 많다. 그나마 2~3살 정도까지는 그래도 내키는 대로 할 수 있다. 물론 이때도 까다로운 엄마를 만난 아이라면 배변 훈련과 탐색 활동에서 이미 고난을 겪기 시작한다. 이렇게 운이 좀 나쁜 경우를 제외하면 대부분 아이는 3살 정도까지는 그런대로 살 만하다.

그런데 말을 하기 시작하고 뭔가를 배워야 하는 3살 정도가 되면 상황은 달라진다. 어느새 엄마는 옆집 아이와 비교하기 시작하고, 우리 아이가 그만큼 해내지 못하는 데 대해 탄식하거나 화를 낸다. 자신이 뭘 잘못했는지 모르지만 공연히 불안하고 화내는 엄마의 모습은 아이를 불안하게 한다.

3~4살이 되면 아이에게 또 다른 큰 과제가 생긴다. 바로 학습이다. 학습을 시작하는 나이가 점점 낮아지고 있다. 여기에는 사교육 마케팅의 전략이 숨어 있다는 사실도 알아야 한다. 아이들 전체 인구는 줄어드는데 매출을 늘려야 하니 자연스레 사교육 대상을 더 어린아이로 확대해가는 것이 아닐까? 그러다 보니 이제 막 태어난 아기, 엄마 배 속에 있는 아기를 대상으로 한 제품이 끊임없이 쏟아져나온다. 발달이론을 바탕으로 연령에 적합한 제품을 만든다고 하지만 이론에 머물 뿐이다. 비싼 가격으로 교구를 구입하면 기대치가 올라가고 또래 아이와 비교하며 아이를 다그친다. 3살 된 아이에게 첫 학습지를 시켜본 엄마가 걱정스럽게 질문한다.

"아이가 학습지 하는 걸 싫어해요. 우리 아이가 학습 동기가 부족한 것 같아요. 어떻게 해야 하나요?"

배우는 것이 발달 목표인 시기의 아이에게 학습 동기가 없다고 생각하다니. 아이가 뭔가를 거부하면 왜 거부하는지 먼저 생각하고 아이가 받아들일 방법이 무엇인지 찾아봐야 한다. 그렇지만 고정관념에 사로잡혀 있는 엄마는 학습지 하나 거부했다고 아이의 학습 동기를 의심한다. 이런 시선으로 보면 아이의 학습 동기가 정말로 사라질 수도 있다. 이해가 되지 않는다면 아이의 시선으로 한 번만 생각해보자.

엄마가 새로운 물건(학습지)을 눈앞에 가져다 놓았다. 그런데 별로 흥미롭게 느껴지지 않는다. 엄마가 표지를 넘기더니 색연필을 손에 쥐여주고선 짝을 지어 선을 그어보란다. 엄마 코끼리와 아기 코끼리를 서로 짝지을 수는 있지만 별로 하고 싶지 않다. 그냥 책을 밀치고 색연필을 팽개친다. 그런데 엄마가 갑자기 표정이 일그러지면서 혼낸다. 이유를 모르겠다. 그냥 재미가 없어서 그런 것뿐인데 이상하게 엄마가 화를 낸다. 이제 나를 혼나게 한 이 물건이 싫어진다.

차라리 이 상황에서 억지로 시키지 않고 편하게 "엄마 코끼리가 여기 있네. 아기 코끼리는 어디 있지?" 하고 말하면 아기 코끼리를 손가락으로 짚지 않는 아이는 없다. 이때 엄마가 "엄마 코끼리랑 아기코끼리가 만나게 해 줘야지"라며 색연필로 이으려 하면 아이는 또 자기가 하겠다며 엄마가 가진 색연필을 빼앗아 선을 긋는다. 그것도 한 번으로 끝나는 게 아니라 여러 번 반복한다. 아마 앉은 자리에서 학습지 한 권을 다하겠다고 달려드는 모습을 보기도 할 것이다. 어떤가? 똑같은 상황에서 아이가 좋아할 만한 방법을 조금만 생각해보면 이렇게 쉬운 방법이 있는데, 공연히 아이에게 문제가 있다고 바라보지 않았는가?

생각해보자. 조금만 다르게 하면 즐겁게 배울 수 있음에도 그걸 몰라 아이를 혼내고 엄마는 걱정과 불안에 휩싸였다. 이런 상황은 한 번에 끝나는 게 아니라 여러 번 반복된다. 엄마는 공연히 아이의 능력을 의심하거나 좌절하고 그 괴로움을 아이에게 다시 고스란히 쏟아부었다. 그러면 아이는 더 힘들어질 뿐 아니라 제대로 배우지도 못하게 된다. 결국 아이는 심리적 문제가 발생하고 교육의 효과는 멀어진다.

괴로워하는 아이를 데리고 아등바등하지 말자. 혹시라도 아이의 마음을 제대로 알아주지 못했다면, 그래서 예쁜 아이의 입에서 거친 말이 나오고 공연히 심술을 부린다면 이제 엄마의 전문용어를 사용할 때다. 엄마가 아이의 마음에 꼭 필요한 말을 해주어야 아이는 다시 잘 자라기 위해 움직일 수 있다.

아이를 다그치고 혼내고 난 뒤, 혹은 속상한 일이 있거나 뭔가 마음대로 되지 않아 짜증을 낼 때 사용하는 전문용어는 "힘들었지"다. 친구와 다투었는데 우리 아이가 잘못했을 때조차도 아이에게 가장 필요한 말은 바로 이 말이다.

"그래, 힘들었지. 힘들었겠다. 많이 힘들었을 거야."

이렇게 말하며 아이를 꼭 안아주자. 세상에서 가장 사랑하는 엄마가 자신이 힘들었음을 알아주기만 해도 아이의 고통은 사라진다. 고통이 있었음을 알아주지 않는다면 아이는 그 상처를 고스란히 마음속 깊은 곳에 간직한다. 자기가 잘못했는데 무슨 상처가 남느냐고 묻는 부모도 있다. 아이는 자기가 잘못했어도 왠지 원망스럽다. 그럴 수밖에 없었던 마음을 몰라주니 답답하고 화가 난다. 제대로 말하면 되지 않느냐고? 자신의 마음을 조목조목 다 말할 수 있는 아이는 별로 없다. 그러기에 "엄마가 화내서 힘들었구나. 많이 슬펐지. 무서웠지. 미안해"라고 아이의 마음을 알아주는 것이 필요하다.

주의할 점은 "힘들었지. 슬펐지. 무서웠지"는 아이의 마음을 물어보는 물음표가 아니다. 엄마가 네 마음을 알고 있다고 전하는 말이기에 말꼬리를 내려서 말한다. 예전에 엄마나 할머니가 "우리 아기 힘들었지"라며 다독여 주던 바로 그 느낌의 말이다.

또 있다. 엄마가 혼을 내지 않아도 아이는 상처받을 수 있다. 자신이 뭔가 잘못했을 때 아이는 스스로에 대한 실망감과 더 잘할 수 없을 것 같은 불안감에 가장 큰 상처를 받는다.

'난 아무것도 못 하는 아이인가 봐. 남들처럼 잘하지 못하나 봐. 나 같은 건 태어나지 말았어야 해.'

이런 생각이 아이의 마음속에서 어두운 그림자가 되어 자리 잡고, 아이의 마음을 전부 차지해서 아이를 괴롭힌다. 여린 아이의 마음이 얼마나 힘들겠는가. 아이가 마음이 불편한 일을 겪었을 때 꼭 필요한 것은 엄마의 첫 번째 전문용어 "힘들었지"임을 기억하기 바란다.

9살 아이가 학교에서 시험을 못 봤다고 친구에게 놀림당했다.

화가 나서 친구를 한 대 때려주었다. 졸지에 폭력 사건이 되어 아이는 선생님께 더 크게 혼나고 힘든 하루를 겪었다. 다행히 담임선생님은 아이의 마음을 보살필 줄 아는 분이었다. 엄마에게 전화해서 아이가 힘들었을 테니 무조건 "힘들었지" 하면서 안아주라고 당부했다. 엄마는 선생님이 시키는 대로 했다. 학교에서 돌아와 엄마에게 또 혼나리라 예상하며 고개를 푹 숙인 아이를 꼭 껴안아주며 이렇게 말했다.

"그래, 힘들었지. 힘들었겠다. 많이 힘들었을 거야."

아이는 펑펑 울기 시작했다. 그 사건 하나에 무슨 한이 그리 생겼는지 한참을 펑펑 울었다. 엄마는 아이의 가슴 밑바닥에 쌓인 상처가 한꺼번에 몰려나오는 것 같았다고 한다. 조금 달래주다 훈계하려 했는데 아이의 울음소리를 들으니 그 말이 쏙 들어갔다. 그리고 깨달았다. 아이의 힘든 마음을 알아주는 말이 얼마나 중요한지를. 바로 이 말이 엄마의 전문용어다.

엄마의 전문용어 ②

이유가 있을 거야

아이의 모든 행동에는 이유가 있다.

- 노경선, 정신의학과 교수

아이들은 하루라도 싸우지 않고 넘어가는 경우가 없다. 큰 아이는 늘 동생을 울린다. 동생은 형에게 떼쓰고 짜증을 낸다. 엄마는 아이들을 혼내기만 하니 그런 행동을 하는 이유를 들을 틈이 없다. 아니, 아이가 변명을 하기는 한다. 하지만 소리 지르듯 짜증 내듯 하는 말이 엄마의 귀에 들리지 않는다. 엄마는 아이에게 싸우는 이유를 물었다고 생각하지만 제대로 물은 적이 없고, 아이도 항의하듯 말은 하지만 진짜 속에 있는 말을 해본 적이 없다. 그러니 악순환만 계속된다.

두 아이가 날마다 전쟁을 벌이는 통에 너무 힘들어하는 초등학교 3학년 준희 엄마에게 엄마의 두 번째 전문용어를 가르쳐주었다. 가능하면 한 글자도 바꾸지 말고 그대로 말해보라고 했다. 아니나 다를까 오늘도 준희가 또 동생을 울렸다. 엄마는 자기도 모르게 습관적으로 이렇게 외쳤다.

"너 왜 또 동생을 못살게 굴어. 제발 좀 그만해!"

그랬더니 갑자기 아이가 대들며 더 큰 소리로 울부짖는다.

"엄마는 왜 내 말은 하나도 안 듣고 맨날 나만 무시해요? 동생은 뭐든지 다 해주면서 나는 안 된다고만 해요? 엄마는 맨날 이랬다 저랬다 마음대로 하면서 왜 나만 혼내요? 엄마는 자기 하고 싶은 거 다 하면서 나는 아무것도 하면 안 돼요?"

이제 3학년밖에 안 된 아이가 건방지게 버릇없이 대드니 엄마는 적잖이 당황했다. 동생한테 잘못해서 혼을 냈는데 엄마에 대한 원망까지 쏟아놓는다. 이때 기를 꺾어놓지 않으면 안 되겠다 싶은 생각에 엄마도 더 큰소리로 아이를 혼냈다. 아이의 두 팔을 꽉 잡고 아이가 엄마에게 잘못했다는 말을 할 때까지 두 눈에 힘을 주고 아이를 노려봤다. 결국 아이는 고개를 푹 숙이고 눈물만 뚝뚝 흘린다. 엄마는 엄한 말투로 가서 씻고 숙제하라고 아이를 방으로 들여보냈다. 이렇게 상황은 끝났다. 하지만 엄마도 아이도 그 광경을 지켜보던 동생도 모두 마음속이 엉망이다.

왜 이런 일이 계속 반복되는 걸까? 이제 엄마는 더는 미루면 안 되겠다 싶어 배웠던 전문용어를 사용해보기로 마음먹었다. 아이 방에 들어가 아이와 마주 앉아 손을 잡고 다독이며 아이를 바라보면서 부드럽게 말했다.

"네가 엄마한테 그렇게 말하는 건 이유가 있어서일 거야. 분명히 이유가 있을 거야. 엄마한테 말해줄래?"

아이는 의아한 눈빛으로 엄마를 바라보기만 했다. 엄마는 마음을 진정하고 똑같이 한 번 더 말했다. 그러자 아이가 눈물을 글썽이며 입을 떼기 시작한다. 그런데 엄마가 짐작하지 못한 전혀 엉뚱한 말이 튀어나온다. 2주 전부터 엄마에게 용돈을 달라고 몇 번이나 요구했지만 엄마가 들은 척도 하지 않았단다. 친구들은 이제 용돈을 받는데 자기만 용돈을 받지 않아서 자기도 받고 싶단다. 몇 번 엄마한테 말하니 엄마가 아직 안된다고 하다가 며칠 전에 친구들이 얼마 받는지 알아오면 들어보고 준다고 했단다. 그래서 아이는 10명 정도의 반 친구들에게 물어보고 친구들이 얼마씩 받고 있다고 엄마에게 말했다. 그런데 엄마는 그냥 또 지나가는 말로만 알았다고 말하고 묵묵부답이다.

아이는 엄마가 무심코 한 말에 희망을 품었고, 자신은 약속대로 했는데 엄마는 들은 척도 안 하니 답답한 채 원망만 쌓여갔다. 그렇게 쌓였던 불만이 엉뚱하게 동생에게로 불똥이 튄 것이다. 최소한 요 며칠 동안 동생에게 성질을 부린 이유는 바로 이 문제 때문이었다. 엄마도 할 말이 많았지만 또 그러다가는 말싸움만 될 것 같아 참고 전문용어를 사용했다.

"그래서 그랬구나. 화가 난 이유가 있었구나. 그래서 그런 말을 했어?"

이렇게 말하니 아이는 억울함이 북받쳤는지 더 큰 소리로 운다. 하지만 그 울음은 오래가지 않고 그쳤다. 그리고 엄마의 눈치를 살핀다. 엄마는 그저 아이의 등을 쓸어주기만 했다. 몇 분이 지나자 엄마에게 어른스럽게 말한다.

"엄마, 제가 짜증 내서 죄송해요. 아무 말이나 막 하고……."

순간 엄마는 놀랍고 당황했다. 엄마가 사과한 것도 아니고 더 설명한 것도 아닌데 아이가 오히려 잘못을 비니 말이다. 엄마는 의아했다. 이런 현상이 엄마의 전문용어를 사용했기 때문이라는 게 믿기지 않았다. 이게 뭐 그리 특별한 말이라고 아이가 울컥하고 눈물을 쏟는 걸까? 별말 하지 않았는데도 아이가 어떻게 개운하게 울음을 그쳤는지 신기했다.

그렇다. 전문용어를 제대로 사용하면 이런 변화가 가능해진다. 진심으로 엄마가 자신을 믿어주고, 비록 잘못된 행동을 했지만 그 순간에도 자신에게 이유가 있었음을 믿어주는 엄마에게 아이는 무척 고맙고 미안해진다. 엄마가 아이의 말과 행동에 이유가 있을 거라 믿고 그 이유를 묻자 아이는 그동안 말하지 못했던 불만과 상처를 쏟아내었다. 그 말에 "그래서 그랬구나. 네 행동에 그런 이유가 있었구나"라며 이해해주니 아름답게 마무리되었다.

다음에 따라오는 아이의 행동은 참 많이 달라진다. 마음이 개운하고 다시 여유를 찾은 아이는 더는 용돈에 대해 따지지도 않는다. 최소한 지금만큼은 엄마가 자기를 믿어주고 공감해준 것으로 충분하다. 물론 앞으로 엄마는 아이와 용돈 문제를 잘 협상해야 한다. 엄마가 말하고도 약속을 지키지 못한 이유는 아직 어린아이로만 느껴졌기에 용돈에 대해 미처 생각하지 못했기 때문일 것이다.

아이는 하루가 다르게 커간다. 엄마의 눈에는 늘 부족하고 모든 걸 챙겨줘야 할 것으로 보이지만 아이의 내면은 늘 변화를 추구하고 하루빨리 크고 싶은 생각으로 가득하다. 그러니 친구들 사이에서 누군가 좀 더 큰 아이로 대접받는 사건이 생기면 자신도 그런 경험을 하고 싶어 한다. 아이가 크는 만큼 엄마도 함께 마음을 키워가야 한다.

이런 관점에서 본다면 아이의 모든 행동에는 이유가 있음을 다시 확인할 수 있다. 그러니 이유가 있음을 믿어주자. 그리고 물어보자. 그 이유가 혹시 마음에 들지 않더라도 "그래서 그랬구나. 이유가 있었구나"라고 충분히 공감해주자. 그런 다음 엄마가 아이에게 가르치고 싶은 것, 고치기 바라는 것을 말해주면 충분하다. 자기를 공감해주는 사랑하는 엄마를 위해, 그래서 더 멋지게 자라기 위해 아이는 기꺼이 더 나은 행동을 선택한다.

아이가 문제 행동을 하면 엄마는 혼을 낸다. 잘못했으니 혼나야 한다는 것은 아이들도 잘 안다. 하지만 자신이 잘못된 행동을 할 수밖에 없었음을 누군가는 알아주기를 바란다. 당연히 그 누군가는 엄마다. 그래서 아이에게 어떤 이유가 있음을 믿는 마음, 그리고 그 마음을 표현하는 엄마의 전문용어가 필요하다. 아이가 아무리 잘못했다 해도 이면에는 분명히 이유가 있다. 잘못한 일을 혼내지 말라는 말이 아니다. 아이가 왜 그런 행동을 했는지 먼저 알아주고 충분히 들어주고 난 다음 충고하자. 이유를 듣고 나면 엄마도 심하게 흥분해서 아이를 혼내거나 아이 마음에 상처 주는 일은 하지 않게 된다. 이유를 듣고 난 다음에는 오히려 아이의 마음을 몰라준 엄마가 더 미안해할 때가 많다.

04

엄마의 전문용어 ③

좋은 뜻이 있었구나

긍정적 의도를 믿어주면 아이가 달라진다

사랑하는 아이에게 좋은 것만 먹이고, 좋은 것만 입히고, 좋은 것만 보게 하며 키웠는데 아이가 하는 행동은 엄마의 뜻과는 정반대다. 공부에는 도통 관심이 없고, 친구와 싸우고, 거짓말하고, 심지어 친구의 물건을 훔치기도 한다. 도대체 왜 그럴까? 아이를 키우며 이런 경험을 하지 않으면 좋으련만, 나의 소중한 아이는 불현듯 이런 행동을 해서 엄마를 벽에 부딪치게 한다.

이렇게까지 심각한 문제 행동은 아니어도 엄마에게 배신감을 들게 할 때가 많다. 학교에 입학한 아이가 알림장 챙기기나 발표, 받아쓰기, 수업 시간에 집중하는 일에서도 두각을 드러내지 못한다는 사실을 알게 될 때다. 그저 서툰 것이 아니라 문제 수준이라는 담임선생님의 지적을 받으면 가슴이 철렁 내려앉는다. 수시로 엄마의 기대를 무너뜨리는 아이에게 무슨 말을 어떻게 해야 달라질 수 있을까?

힘들었음을 알아주는 말을 하기에는 왠지 적절하지 않은 것 같다. 이유가 있어서 그랬으리라 짐작되지만, 이유를 알아주기만 하면 아이가 마치 면죄부를 받은 느낌이 들게 되어 문제 행동을 반복할 것 같아 말해주기가 어렵다. 이때는 아이의 마음속을 가만히 들여다보자. 아이의 마음속에서 천사와 악마가 서로 다투고 있는 것이 보이지 않는가?

아무리 아이가 문제 행동을 하더라도 그 속에는 또 다른 긍정적 의도가 있다는 사실을 알아야 한다. 친구를 때리고, 거짓말을 하고, 약속을 지키지 않는 문제 행동의 이면에 긍정적 의도가 숨어 있다는 말이다. 동생을 때린 아이는 순간 때릴까 말까 고민하면서 한참 동안 망설였을 것이다. 아무 거리낌 없이 거짓말하는 아이는 거의 없다. 거짓말을 하기 전 가슴은 콩닥콩닥하고 머릿속은 천사와 악마가 서로 다투느라 정신을 차릴 수가 없다. 그러다 정말 못 견디게 될 때, 더는 참을 수 없을 때, 더 좋은 다른 방법을 알지 못할 때 문제 행동을 선택한다.

아이의 마음속에서 벌어지고 있는 일들은 겉으로 보이지 않는다. 좀 시무룩하고 우울해 보이거나 괜스레 짜증을 잘 내는 정도로

만 나타날 뿐이다. 엄청나게 심각한 문제라 해도 고민하고 망설이고 갈등하는 모습을 찾아보기는 어렵다. 그래서 엄마는 행동의 결과만을 놓고 아이를 혼내게 된다. 그런데 별 효과가 없다. 무한 반복되는 상황에 아이는 더 어긋나고 엄마는 지친다.

이제 변화를 위한 터닝 포인트가 필요하다. 바로 지금 이 지점을 변화가 시작되는 전환점으로 만들고 싶다면 엄마가 꼭 마음에 새길 부분이 바로 아이 행동의 긍정적 동기다. 지금까지는 결과만 가지고 아이를 다그쳤다면 이제는 엄마의 전문용어를 사용해보자. 아이의 모든 행동에는 긍정적 의도가 있다. 이것을 마음에 새겨놓자.

친구를 때리는 아이는 원래 때리기를 좋아해서 그러는 것이 아니다. 어쩌면 그 아이는 자신이 때린 친구에게 아주 오랫동안 은근히 놀림을 당해왔을 수도 있다. 화가 나면 때려야 한다는 자기 신념이 강해서일 수도 있다. 이런 경우조차도 아이가 하는 말은 이렇다.

"잘못하면 맞아야 해요. 그래야 정신을 차리죠."

여기서 아이의 긍정적 의도는 잘못한 친구가 정신을 차리고 올바른 행동을 하도록 가르쳐야 한다는 것이다. 아무리 의도가 좋아도 나쁜 방법을 사용하면 안 된다는 사실을 아이가 모를 뿐이다. 그러니 우선 아이의 긍정적 의도를 인정해주고 올바른 마음을 가졌음을 칭찬하자. 그런 다음 올바른 의도는 올바른 방법으로 실행할 때만 인정받을 수 있고 의미가 있다는 것을 가르쳐주면 된다.

이런 과정 없이 때린 행동에만 초점을 맞추어 혼내고 충고한다면 아이는 별다른 변화의 계기를 얻지 못한다. 친구가 때려도 한마디 대꾸도 못 하고 그냥 당하기만 해서 속이 터지는 아이라면 친구에게 나쁜 말을 하면 안 된다는 기본 신념이 너무 강해 차라리 참고 있는 것일 수도 있다. 시험 성적을 조작한 아이조차도 엄마를 실망시키고 싶지 않다는, 엄마를 기쁘게 하고 싶다는 긍정적 의도가 있다. 그것을 먼저 알아주고 인정해야 아이가 자신의 잘못된 행동 방식을 수정한다.

캐나다의 발달심리학자 고든 뉴펠트는 "긍정적 의도를 끌어내는 것이 아이를 구체적으로 변화시킨다"고 강조한다. 심지어 "긍정적 의도를 끌어내는 것으로 성취할 수 없는 것은 어떤 방법으로도 성취하기 어렵다"고 단언한다.

아이가 문제 행동을 하는 것이 바람직하다는 말이 아니다. 화가 나면 화가 났다고 말하고, 속상하면 속상한 이유를 제대로 말하는 것이 가장 좋다. 하지만 여러 가지 이유로 아이들은 제대로 표현하지 못한다. 그래서 엄마가 아이의 마음을 알아주는 것이 중요하다. 그중에서도 아이의 문제 행동에 숨어 있는 긍정적 의도를 찾아내는 일은 매우 중요하다.

아이에게 좋은 변화를 불러일으키는 가장 효과적인 방법을 하나 말해보라고 한다면, 마음속에 감춰져 있던 아이의 긍정적 의도를 찾아 주는 일이라 분명하게 말하겠다. 지극히 개인적인 경험에 따른 결론이지만 많은 아이를 만나고 관찰하고 연구한 결과다. 엄마의 전문용어는 모두 각각의 역할과 기능이 있다. 엄마가 아이에게 궁극적으로 바라는 것은 아이가 좋은 행동을 하는 것이다. 아이에게 좋은 행동을 선택하도록 하는 말이 바로 긍정적 의도를 찾아주는 말이다.

떼쓰고 우는 아이에게는 "엄마가 네 마음을 잘 알아주기를 바라는구나"라고, 동생을 때린 아이에게는 "동생이 나쁜 버릇을 고치기를 바랐구나"라고, 거짓말하는 아이에게는 "엄마가 실망할까 봐 솔직하게 말하지 못했구나"라고 말하는 것이 아이의 긍정적 의도를 알아주는 방법이다.

"도와주려고 그랬구나."
"잘되기를 바랐구나."
"잘하고 싶었구나."

이런 말이 아이의 마음을 움직이고 행동을 일으킨다.

좋은 양육을 위해 노력하는 엄마의 마음속에도 두 가지 생각이 난투극을 벌인다. 아이가 충동적이거나 미숙해서 벌이는 많은 실수를 혼내서 고쳐야 한다는 힘의 원리에 입각한 생각과 "안 돼!"라는 말을 하면 교육적으로 좋지 않다는 생각이다. 이 두 가지 생각이 마음속에서 싸우는 데 휘말리지 말자. 그럴 때는 '둘이 또 싸우니? 난 진정하고 다른 방법을 생각해보련다'라며 한 발 뒤로 물러서자. 아이의 행동 속에 숨어 있는 긍정적 의도를 찾기 위해 집중해보자. 이렇게 생각하기만 해도 어느새 둘의 싸움은 형체가 사라지고 무엇을 어떻게 하면 좋을지 찬찬히 생각하는 자신을 발견하게 된다.

아이가 문제 행동을 했다고 완전히 잘못한 것으로 규정짓지는 말자. 못하는 아이, 실수하는 아이, 나쁜 아이로 낙인찍지 말자. 심리적 낙인은 성인이 된 후에도 큰 영향을 준다. 아이의 긍정적 의도가 무엇인지 한 번 더 생각하고 찾아 말해주어야 아이의 행동이 달라진다. 엄마가 찾아준 바로 그 긍정적 의도대로 성장하기 시작하는 것이다.

05

엄마의 전문용어 ④

훌륭하구나

우리의 내면에 간직한 불은 그냥 스러질 수 있지만 다른 사

람에 의해 불꽃으로 피어오르기도 한다.

- 알베르트 슈바이처

산만하다. 소심하다. 소극적이다. 겁이 많다. 우유부단하다. 까다롭다. 고지식
하다. 집중을 못 한다. 책임감이 없다. 동기가 없다. 질투심이 많다. 비관적이
다. 성급하다. 충동적이다. 느리다. 둔하다.

달라지기를 바라는 아이들의 성격 특성이다. 과연 이 성격이 변
화할 수 있을까? 통념상 성격은 잘 변하지 않는다고들 한다. 어릴
적 자기 성격의 단점이라 생각했던 부분을 고치는 것이 얼마나 어

려운지는 살다 보면 알게 된다. 어릴 적에 그렇게 잔소리를 들었던 자신의 단점을 얼마나 잘 고치고 살았는지 물어보면 자신 있게 대답하는 사람이 별로 없다. 그만큼 변하기 힘들기 때문에 대부분 사람이 인정하는 통념이 '성격은 변하지 않는다'이다.

하지만 성격을 고쳐 성공한 이들도 꽤 많다. 이들은 어떻게 변하기 어렵다는 성격을 바꾸어 성공할 수 있었을까? 수업시간에 한마디도 못 하던 아이가 수백 명 앞에서 멋지게 발표하고 강의를 할 수 있게 된다. 우유부단해서 아무것도 결정하지 못하고 남에게 질질 끌려다니기만 하던 아이가 어느 순간 단호한 모습으로 중요한 결정을 내린다. 이들은 어떻게 이런 변화가 가능했을까?

초등학교 3학년 여진이는 발표를 못 했다. 둘이 있으면 말을 하지만 셋 이상만 되어도 입을 다물었다. 친구가 질문하면 짧게 대답하는 정도였다. 자기 의견을 말하지 못하고 늘 친구에게 끌려다니는 여진이가 엄마는 너무 답답했다. 저렇게 말도 못 하고 생각 없이 남에게 끌려다니기만 하니 나중에 아이가 어떻게 살아갈지 걱정이었다. 그러던 여진이가 6학년이 되자 전교 회장 선거에 출마하고 많은 친구들 앞에서 선거유세도 할 수 있게 되었다. 그리고 멋지게 회장으로 당선되었다. 여진이에게 어떤 일이 있었기에 이런 변화가 가능했을까?

엄마는 여진이가 좀 더 활달하고 학교 수업에서도 용감하게 손들고 또박또박 발표할 줄 아는 아이가 되길 바랐다. 그러다 보니 엄마는 소심하고 소극적이고 겁이 많고 우유부단한 여진이를 걱정했다. 하지만 여진이를 만나서 잘 살펴보니 강점이 무척 많은 아이였다. 둘이 마주 앉아 편안한 분위기에서 대화하면 중요한 말을 곧잘 했다. 상대방의 눈을 바라보고 고개를 끄덕여주고 미소 짓는다. 궁금한 것이 있으면 질문도 잘한다. 여진이가 했던 질문이 아직도 기억난다.

> "선생님은 아이들 만나는 거 좋아하세요?"
> "왜 이 일을 하려고 마음먹었어요?"
> "돈은 많이 버세요?"
> "선생님 아이들은 선생님 좋아해요?"

엄마가 설명한 여진이의 성격 특성과는 전혀 다른 모습을 보면서 엄마가 고정관념으로만 아이를 본다는 사실을 알았다. 친구들 앞에서 활달하게 말하고, 큰 목소리로 씩씩하고 조리 있게 발표도 잘하고, 자기 의견대로 친구들을 이끌어가는 것이 바람직한 모습이라는 고정관념이 여진이가 가진 강점을 전혀 찾지 못하게 가로막고 있었다.

이야기를 나누면서 알게 된 여진이는 참 멋진 아이였다. 여진이는 친구가 싸우는 현장에서 나서서 말리거나 화해시키지는 못하지만, 싸움이 끝난 후 부루퉁하게 앉아 있는 아이에게 조용히 다가가 어깨에 손을 올리고 나지막이 "괜찮아?"라고 속삭일 줄 아는 아이다. 숙제를 안 해 와서 선생님께 혼이 난 아이에게는 "숙제하기가 힘들었어?"라고 묻는다. 여진이는 말을 많이 하지는 않지만 꼭 필요한 중요한 말을 할 줄 아는 아이다. 친구의 마음을 알아차리는 사회지능이 높으며, 친절하게 다가가 말할 줄 안다. 꼭 해야 하는 일을 끈기 있게 하고, 나서지 않지만 겸손하고 진정성 있는 모습으로 사람을 대한다. 학습에 대한 열의도 높다.

여진이에게 얼마나 강점이 많은지 말해주었다. 자신에게 이렇게 강점이 많은 줄 몰랐던 아이는 마음이 환해진다. 진짜 이런 게 좋은 것인 줄 몰랐단다. 이후 엄마도 여진이의 강점을 알아차리게 되었고, 종종 아이에게 들려주었다. 여진이의 이런 특성을 친구들은 잘 알았고 그래서 전교 회장으로까지 나설 수 있었다. 그런데 발표를 잘 못 하던 아이가 어떻게 선거유세를 할 수 있게 되었을까? 4~5학년을 거치면서 여진이의 성격 특성은 친구들에게 더 큰 환영을 받았다. 한마디로 인기가 있었다. 자신의 모습을 좋아해 주는 친구들과의 관계에서 자신감을 얻은 여진이는 더 많은 사람 앞에서 말할 수 있게 되었다.

아이의 성격을 부정적으로만 보는 엄마에게 연습하게 하는 것이 있다. 같은 행동에서 부정적으로 보았던 아이의 성격적 특징을 긍정적으로 바꾸어 보는 것이다. 소심한 사람은 뒤집어 보면 아주 세심하게 다른 사람이 놓치는 부분을 찾아내는 장점이 있다. 세심

함은 사람 사이의 관계에서 아주 중요한 요소다. 함께 모여 즐거운 시간을 보냈지만 세심한 사람은 누군가 한 사람의 표정에서 불편함을 읽어낸다. 그렇게 알아차린 불편함을 풀어주려고 애쓴다. 얼마나 중요한 강점인가? 우리 아이에게 어떤 강점이 있는지 알아보려면 우선 강점에 대해 좀 더 이해하는 것이 좋겠다.

아이의 강점은 언제 어디서 어떤 모습으로 나타날까? 강점은 긍정심리학에서 말하는 개념이다. 긍정심리학의 창시자 마틴 셀리그먼과 크리스토퍼 피터슨은 대부분 사람에게서 공통으로 발견되는 인간의 긍정적 특징을 조사해 '성격 강점'이라 불렀다. 두 사람이 찾아내고 정리한 강점은 24개다. 연구 결과 자신의 성격 강점을 잘 알고 그것을 일상생활에서 행동으로 옮기면 긍정적 정서가 높아진다는 사실이 밝혀졌다. 그리고 또 다른 긍정심리학자인 바버라 프레드릭슨은 긍정적 정서가 호기심과 창의성을 유발하고 아이의 능력을 발달시킨다는 것도 입증했다.

🔍 24가지 성격 강점

창의성	호기심	개방성	학구열	통찰	사랑
친절	사회지능	용감함	끈기	진정성	활력
관대함	겸손	신중함	자기조절	책임감	공정성
리더십	감상력	감사	낙관성	유머감각	영성

아이들에게 앞의 강점 목록을 주고 자신에게 조금이라도 있는 모습에 동그라미를 치게 한다. 별로 어렵지 않게 느끼는 것, 쉽게 할 수 있는 것에 표시하라고 하면 된다. 아이들은 이 중 자신이 가진 특성에 표시한다. 어떤 아이는 학구열은 별로 없지만 그래도 숙제는 끈기 있게 잘하고, 친절하게 가르쳐주는 것도 잘하고, 겸손하고 감사하는 건 하나도 어려운 일이 아니라고 말한다. 또 어떤 아이는 자기는 관대하진 못하지만 공정하고 책임감도 좀 있단다. 한 번도 숙제를 안 해 간 적이 없다며 자랑스러워한다.

아이들에게 바로 이런 점이 너의 강점이라고 말해주면 놀라기도 하지만 의아해하기도 한다. 정말 이런 것을 자신의 강점이라 생각해 본 적이 없기 때문이다. 어떨 때 이런 특성을 느꼈는지 질문하면 아이들은 이에 얽힌 이야기를 쏟아낸다. 이렇듯 이 활동은 무척 간단하고 단순하지만 매우 효과가 있다. 엄마도 한번 체크해보기 바란다. 간단한 목록만으로 체크하는 것이 못 미더우면 인터넷에서 '강점 검사'라고 검색하면 강점 체크리스트를 찾을 수 있으니 활용하자. 대부분 짐작한 것과 결과가 비슷하게 나온다는 사실도 알 수 있다. 자, 이제 생각해보자. 우리 아이가 어떤 강점을 가진 아이인지 말이다.

흔히 엄마들은 성공한 사람을 보며 우리 아이도 저렇게 성공적으로 성장하길 바란다. 그런데 현재 우리 아이의 모습을 살펴보면 아이의 일상은 성공과는 거리가 멀어 보인다. 안타깝고 초조한 마음에 잘하지 못하는 아이를 다그친다. 중요한 것은 성공한 이들에게는 보통 사람들이 모두 단점으로 보는 바로 그 행동을 장점으로 보고 지지하고 격려해준 누군가가 있었다는 점이다. 우리 아이에게 그 사람이 엄마이길 바란다.

아직 자신이 없다면 잠시 연습해보자. 아이의 단점으로 보이는 성격 특성을 강점으로 바꾸어 살펴보자. 우리 아이의 숨은 자원을 발견할 수 있다. 아이의 성장과 발전은 바로 이 지점에서 시작한다.

성격 특성		강점
고집 센	⇒	
수다스러운		
나대는		
참견하는		
공격적인		

고집이 세다는 것은 줏대 있고 자기 확신이 강하다고 볼 수 있다. 주장하는 바가 억지만 아니라면 불의에 타협하지 않고 끝까지 소중한 것을 지켜낼 수 있다는 의미다. 수다스러운 것은 활달하고 분위기를 잘 살리고 인간관계를 맺는 능력이 훌륭하다는 뜻이기도 하다. 때와 장소에 맞게 조절할 줄 안다면 어떤 조직에서도 빠지면

안 되는 중요한 사람이다.

'나대다'는 원래 '깝신거리고 나다니다'라는 뜻이다. 얌전히 있지 못하고 촐랑거리는 모습을 말한다. 이는 움직임이 빠르고 날쌔며, 빠르게 정보와 분위기를 파악한다는 말도 된다. 역시 때와 장소만 가릴 줄 안다면 훌륭한 능력이다. 어떤가? 부모가 어떻게 지각하는가에 따라 아이의 강점이 다르게 발전할 수 있다는 생각이 들지 않는가? 우리 아이의 단점으로 느꼈던 모습이 뒤집어 보면 아이가 앞으로 개발하고 발전시켜나갈 훌륭한 강점이 된다.

엄마의 전문용어 ⑤

어떻게 하면 좋을까?

아이에게는 최고의 생각이 있다

초등학교 2학년 주훈이 엄마는 아이가 7살 때부터 수학을 가르쳤다. 그것도 공부 때문에 스트레스를 받을까 봐 남들보다 아주 늦게 시작한 것이다. 그런데 주훈이는 간단한 덧셈도 틀리는 등 생각보다 수학을 잘하지 못했다. 그래도 엄마는 혼내면 아이의 정서에 좋지 않다고 하니 꾹 참았다. 목소리를 낮추고 심호흡하면서 "다시 풀어. 집중해서 제대로 풀어. 정신 차리고 풀면 안 틀릴 수 있잖아. 아는 문제를 왜 틀려. 다시 풀어" 하는 정도였다. 그런데 초등학교에 입학한 후에도 수학 성적은 나아지지 않았다. 그래도 아이가 수학을 싫어하게 될까 봐 많이 혼내지 않았다. 이런 노력에도 불구하고 주훈이는 수학의 '수' 자만 들어도 치를 떤다.

"수학 싫어요! 재미없어요. 어려워요. 나 수학 못 해요."

엄마가 들인 노력에 비하면 어처구니없는 결과다. 아직 그리 어렵지 않은 수준의 수학을 배우는 초등학교 2학년일 뿐인데, 아이가 하는 말은 마치 고3 학생이 수학만 생각하면 괴로워 죽겠다는 것처럼 표현한다. 왜 이런 일이 일어났을까? 아이들이 꼭 해야 하는 일을 싫어하게 되는 과정을 살펴보면 한 가지 공통점이 있다. 아이가 어떤 방법으로 하고 싶은지 엄마가 물어보지 않았다는 점이다.

아이들은 누구나 공부도 잘하고 싶고 멋진 사람이 되고 싶다. 그런데도 정작 꼭 해야 하는 학습과 과제에는 진절머리를 친다. 그 이유가 아이에게 있을까? 절대 그렇지 않다. 이유는 단순하다. 엄마가 아이의 생각을 물어보지 않았기 때문이다. 숫자 공부로 1부터 100까지 세기를 연습하기 바란다면 무엇으로 세기 놀이를 할지 질문하면 된다.

어떤 아이는 자신이 좋아하는 미니 장난감 자동차로 수 세기를 하고, 어떤 아이는 작은 인형으로 한다. 사탕으로 숫자를 셀 수도 있고, 아이가 좋아하는 카드를 나누면서 하기도 한다. 아이가 원하는 방법을 물어보기만 해도 기특하게도 힘든 과제를 거뜬히 해낸다. 아이도 생각할 줄 알고 그 생각이 무척 기발하고 기특하다는 걸 믿게 된 엄마는 이제 무얼 하든 아이에게 물어보는 것이 습관이 되었다.

    🧒 "엄마, 이 카드는 모두 몇 장이에요?"

    👩 "글쎄, 안 세어봐서 모르겠는데 한번 세어보고 싶어?"

    🧒 "네."

    👩 "그래? 어떻게 그런 생각을 했어? 좋아, 가지런히 정리해서 손
에 쥐고 세어볼까? 시작!"

    🧒 "하나 둘 셋……."

아주 간단한 대화지만 엄마는 아이에게 세어보고 싶은지 물어
보고 아이가 원하는 대로 하게 허락해주었다. 이렇게 단순한 대화
에서조차 어떤 엄마는 빨리 게임을 해야 한다는 조바심으로 언제
세고 있느냐며 카드를 아이에게 빼앗아 직접 나누어 준다. 하나씩
세는 것이 답답하다면 "엄마가 2장씩 해볼게"라며 시범을 보여주
는 것이 더 좋다. 아이의 의견을 최대한 존중하면서 가르치니 아이
도 엄마도 만족스럽다. 아이의 생각을 전혀 인정하지 않는 방법은
결과도 좋지 않다. 게임을 하며 놀았지만 아이는 전혀 즐겁지 않다.
정서적으로 도움이 되지 못하고 인지적으로 배울 기회도 놓쳤다.

엄마와 수학 공부를 하다 혼난 아이는 엄마와 함께하는 수학 공
부를 싫어하는 데서 멈추지 않는다. 공부란 공부는 다 하기 싫어
할 위험이 매우 커진다. 공부를 하는 주체는 아이다. 그런데 엄마

가 그 주도권을 빼앗아버린 꼴이다. 한마디로 엄마 때문에 하기 싫어진 것이다. 그러니 아이의 생각을 물어봐야 한다. 호기심을 가지고 물어보자. 우리 아이가 다양한 상황에서 어떻게 생각하는지 궁금하지 않은가?

한 중학교에서 25쌍의 아빠와 아이가 '부모-자녀가 함께하는 꿈과 소통'의 시간을 가졌다. 아이들에게 다음 질문을 주고 자기 생각을 적게 하였다.

---

1. 집에 가야 하는데 교통비가 없다. 걸어가기엔 너무 먼 거리다. 어떻게 할까?
2. 로또 10억이 당첨된다면 그 돈을 어떻게 사용할 생각인가?
3. 엄마가 아파서 수술해야 하는데 돈이 없다. 지금 나는 중학생이다.
   내가 할 수 있는 일은?
4. 요즘 내내 되는 일이 하나도 없다. 이때 드는 생각은?
5. 언젠가 아빠와 둘이서만 꼭 가보고 싶은 곳은?
6. 아빠가 나에게 해준 말 중 가장 좋았던 말은?
7. 내가 나를 사랑하는 마음에 점수를 매긴다면?
8. 앞으로 내가 하고 싶은 일을 세 가지만 말한다면?
9. 아빠가 도와주기를 바라는 점은?
10. 친구가 함께 학교를 땡땡이치자고 말한다면?

이 질문에 중학생 아이들은 매우 다양한 답을 내놓았다. 엄마가 아파서 수술해야 하는데 돈이 없다면 어떻게 하느냐는 질문에 나

중에 일해서 갚기로 하고 빌린다는 의견부터, 의사를 설득해서 우선 수술부터 받게 하고 돈은 나중에 구하겠다는 아이도 있다. 친척에게 빌리겠다는 아이도 있고, 정말 형편이 어렵다면 SNS에 자기 사정을 알려서 도움을 청하겠다는 의견도 있다. 구호 단체가 많으니 도움을 부탁하겠다고도 한다. 아이는 어떤 경우든 포기하지 않고 아이디어를 내서 문제를 해결하려고 한다.

로또에 당첨된다면 평소의 무절제한 생활태도처럼 흥청망청 써버리겠다고 할 줄 알았던 아이의 입에서 미래를 위한 계획과 마음에 품고 있던 원대한 꿈이 쏟아져나온다. 남을 돕겠다는 아이도 있고, 자신의 성장과 발전을 위해 공부하는 데 투자하겠다는 아이도 있다. 부모님을 위해 집과 자동차를 사고 세계 일주를 시켜드리겠다는 의견은 두말할 것도 없다.

이런 이야기를 들은 아빠들의 반응은 한마디로 '놀라움'이다. 모두 입을 모아 "아이들이 이렇게 기특한 생각을 하는 줄 몰랐다", "이렇게 깊은 생각을 하고 있을 줄 몰랐다"고 말한다. 그럴 수밖에 없는 것이 아이의 생각을 물어본 적이 없기 때문이다. 우리 아이는 이런 질문에 어떤 대답을 할까? 살면서 부딪치는 상황은 순간순간 매우 다양하다. 아이의 생각을 물어보자. 아이가 어려도 좋다. 혹시 아무 생각이 없다고 말해도 실망할 필요는 없다. "어떻게 하면 좋을까?"라고 물어보는 순간부터 아이의 생각이 시작될 테니 말이다.

아이가 자라면서 한창 호기심이 커갈 때 늘 하는 말이 있다.

"왜? 이건 뭐야? 어떻게?"

아이는 왜 이런 질문을 할까? 바로 호기심 때문이다. 아이의 시선으로 보는 세상은 어른이 보는 것과는 조금 다를 수 있다. 어른의 입장에서는 아이가 모르는 것을 가르쳐주고 싶어 안달이지만 별로 의미가 없다. 아이들은 어른이 이미 잃어버린 꿈과 가능성과 잠재의 눈으로 세상을 보고 있다. 그래서 어른이 미처 보지 못하는 것을 아주 많이 본다.

아이의 생각을 질문하고 보석처럼 빛나는 생각들을 만날 때마다 참 짜릿하다. 그래서인지 늘 아이들의 마음속에서 길을 찾게 된다. 어른의 생각보다 더 새롭고 창의적이다. 이런 아이의 마음에 궁금증을 가지기 바란다. 당신은 아이에 대해 호기심이 있는 엄마인가? 그렇다면 아이에게 물어보자.

"넌 어떤 게 좋아?"
"이럴 땐 어떻게 하고 싶니?"
"엄마가 어떻게 하면 좋을까?"

아이의 생각을 질문할 때마다 엄마는 커가는 아이의 마음을 볼 수 있다. 아이의 생각이 어느새 훌쩍 커 있음을 느낄 때 엄마의 행복감도 함께 부풀어 오른다. 혹시 아이의 마음을 물어보는 말이 쉽지 않다면 고민해볼 것이 있다. 아직 아이를 믿지 못하기 때문은 아닐까? 아이가 하는 말은 다 생각이 부족한 말이고, 아는 것이 없어서 하는 말이고, 철이 없어서 하는 말이라고 생각하기 때문은 아닐까? 찬찬히 엄마의 마음을 살펴보아야겠다.

'긍정적 의도'를 찾아주면
아이의 행동이 달라진다

01

무심코 던진 엄마의 말이
아이의 행동 방향을 결정한다

학습된 무기력

'학습된 무기력'은 펜실베이니아 대학교 심리학 교수 마틴 셀리그먼과 동료 연구자들의 연구다. 셀리그먼은 개 24마리를 세 집단으로 나누어 상자에 넣고 전기 충격을 주었다. 제1 집단의 개에게는 조작기를 누르면 전기 충격을 멈출 수 있는 환경을 제공하였다. 제2 집단은 조작기를 눌러도 전기 충격을 피할 수 없고, 줄에 묶여 있어 어떠한 대처도 할 수 없는 환경을 만들었다. 제3 집단은 전기 충격을 주지 않았다. 24시간 후 이들 세 집단 모두를 다른 상자에 옮겨놓고 다시 전기 충격을 주었다. 단, 이번에는 세 집단 모두 상자 중앙에 있는 장애물만 넘으면 전기 충격을 피할 수 있게 했다.

어떤 현상이 나타났을까? 자신의 노력으로 성공적으로 전기 충격을 피한 경험이 있는 집단, 아무리 노력해도 소용이 없었던 집단, 아무런 고통도 제한도 경험하지 않은 집단. 어떤 결과가 예측되는가?

제1집단과 제3 집단은 중앙의 장애물을 넘어 전기 충격을 피했다. 제1 집단은 이미 스스로 성공적으로 극복한 경험이 있었기에 가능했고, 제3 집단은 처음 충격을 받고 노력해서 상황을 극복한 제1 집단의 처음 모습과 유사했다. 그렇다면 제2 집단은 어땠을까? 개들 중 3분의 2는 전기 충격이 주어지자 무기력하게 구석에 웅크리고 앉아 전기 충격을 고스란히 당하고 있었다. 더는 어떤 노력도 하지 않는 모습을 보였다. 자신이 어떤 일을 해도 그 상황을 극복할 수 없을 것이라는 무기력이 학습된 것이다.

셀리그먼은 자신의 노력으로 피할 수 없는 전기 충격을 경험한 개들은 얼마든지 피할 수 있는 전기 충격이 가해진 경우에도 피하려고 노력하지 못하는 것을 보고 이를 '학습된 무기력'이라 하였다. 아무리 노력해봤자 성공할 수 없다고 느끼고, 성공할 수 없으니 차라리 아무것도 하지 않으려는 현상을 말한다. 이유는 간단하다. 노력해도 피하지 못하는 상황이 반복되다 보면 나중에는 얼마든지 극복할 수 있는 상황이 되어도 아예 시도조차 하지 않고 자포자기한다. 여기서 중요한 점은 무기력은 전기 충격 그 자체 때문이 아니라는 점이다. 전기 충격을 자신이 통제할 수 없다는 사실을 학습했기 때문이라는 사실이 중요하다.

그렇다면 사람은 어떨까? 셀리그먼의 동료인 도널드 히로토는 사람을 대상으로 하는 실험을 실시했다. 버튼을 누르면 소음을 멈출 수 있는 곳, 버튼을 눌러도 소음이 멈추지 않는 곳, 어떤 소음도 경험하지 않은 곳으로 나누어 세 집단을 분리했다. 결과는 개를 대상으로 한 실험과 마찬가지였다. 첫 번째 실험에서 자기 힘으로 상황을 통제할 수 없었던 집단은 두 번째 실험에서 소음이 계속되어도 멈추려고 노력하지 않았다. 대부분 수동적으로 앉아서 불쾌하고 고통스러운 소음을 그저 받아들이고 있었다. 버튼을 눌러도 소용이 없었던 과거의 경험이 무기력을 학습하게 한 것이다. 만약 당신이 이 실험에 참여했다면 어땠을지 한번 상상해보기 바란다.

3분의 1은 절대 무기력해지지 않았다

셀리그먼은 학습된 무기력을 세상에 발표하고 세계적으로 주목받는 심리학자가 되었다. 그만큼 이 생각은 당시로써는 매우 획기적인 것이었다. 그러던 어느 날 셀리그먼은 전혀 예상치 못한 질문을 받게 된다. 피할 수 없는 전기 충격을 경험했음에도 전혀 무기력해지지 않았던 나머지 3분의 1의 개들에 대한 질문이었다. 왜 그 개들은 무기력을 학습하지 않고 전기 충격을 피하기 위해 움직일 수 있었을까?

사람도 마찬가지였다. 피할 수 없는 소음을 경험한 사람 중 3분의 1 정도는 무기력해지지 않았고 소음을 멈추기 위한 행동을 적극적으로 시도했다. 왜 이런 현상이 나타났을까? 그렇다면 무기력이 어떻게 학습되는지 알아내는 것도 중요하지만 어떤 힘이 무기력을 이겨내게 하는가가 더 핵심이 아닐까? 자신의 힘으로 어찌할 수 없는 상황을 경험하고도 무기력에 빠지지 않고 다시 극복하기 위해 노력하는 힘은 무엇인가? 어떤 사람이 그런 힘을 이미 마음속에 가지고 있는 걸까? 만약 우리 아이가 이런 상황이라면 과연 아이는 무기력에 무릎 꿇지 않고 다시 극복하기 위해 노력할 수 있을까? 우리가 바라는 것은 바로 이것이다. 혹시 우리 아이가 지금은 무기력이 학습된 상태라 해도 다시 그 힘을 회복하려면 어떻게 해야 할까? 셀리그먼의 이후 연구에서 답을 찾아보자.

> 비관주의자는 나쁜 일이 오랫동안 계속될 것으로 믿는다. 한 가지 나쁜 일이 그가 하는 모든 일을 위태롭게 할 거라 생각한다. 이런 것들은 모두 자기가 못났기 때문이라 생각한다. 반면, 낙관주의자는 실패를 그저 일시적인 후퇴로 여긴다. 그 원인도 항상 그런 것이 아니라 이번에만 국한된 것으로 본다. 자기 탓이 아니라 주변 여건이나 불운 혹은 다른 원인 때문이라 생각하며 주눅 들지 않는다. 안 좋은 상황에 처하면 이것을 오히려 도전으로 여기며 더 열심히 노력한다.
>
> – 《학습된 낙관주의》(마틴 셀리그만 지음, 21세기북스, 2008) 중에서

자신이 겪은 좌절의 원인을 어떻게 생각하는가? 희망적이고 낙관적으로 생각하는지 비관적으로 생각하는지의 차이에 따라 그 결과가 완전히 달라진다. 당신은 둘 중 어느 쪽에 해당하는가? 단적으로 나눌 수는 없지만 대강 자신이 어떤 경향이 더 강한지는 알고 있다. 그렇다면 우리 아이는 어떨까? 엄마가 아이에게 하는 말, 아이가 엄마에게 하는 말이 어쩌면 우리 아이의 방향키를 나타내는 말은 아니었을까?

이휴, 그래서 나중에 어떡할래? 네가 그렇지 뭐. 그걸 네가 어떻게 해? 꿈도 야무져. 꿈 깨.

내가 그렇지 뭐. 난 운이 나빠. 더 이상 소용없어. 결국 실패할거야. 이제 끝났어.

무심코 했던 이런 말들이 이미 우리 아이의 행동 방향을 결정하고 있다는 사실이 무섭게 느껴지기도 한다. 엄마가 비관적인 성향이 강하면 낙관적인 아이로 키우기는 어려울 것이다. 자신도 모르게 아이에게 하는 말이 아이가 비관적으로 생각하도록 자극할 테니.

이제 다시 한 번 차근차근 생각해보자. 3분의 1은 어떻게 그런 낙관성을 갖게 되었을까? 태어나면서부터 그런 유전인자를 갖고 있었던 것은 아닐까? 절대 그렇지 않다는 것을 우리는 잘 알고 있다. 분명 그 사람이 성장하는 과정에서 누군가 따뜻하고 낙관적인 태도를 갖도록 양육했을 것이라 확신한다. 그렇다면 결국 낙관적 태도는 얼마든지 훈련으로 가능하다는 말이다. 아이가 낙관적인 사람으로 성장하려면 엄마는 무엇을 해야 할까?

무기력은 영원하지 않다

> 부정적인 것을 제거하는 것이 곧 긍정적인 것을 낳는 것은 아니다.
>
> – 마틴 셀리그먼

무기력이 학습된 상황에서 전기 충격만 없앤다고 다시 긍정적이고 활동적으로 변할 수 있을까? 그렇지 않다. 강압적 분위기에서 양육된 아이는 더는 압박을 가하지 않아도 늘 주눅이 들어 있다. 폭력을 당하고 자란 아이는 이제 폭력을 가하지 않아도 누군가 목소리만 높여도 움찔하며 겁에 질린다. 부정적인 것을 제거하는 것만으로는 다시 긍정적인 행동을 하지 않는다.

우리는 좌절을 자주 경험하면 다시는 도전하지 않게 된다는 것을 경험적으로 잘 알고 있다. 그런데도 다시 건강하게 헤쳐나가는 사람이 있다. 비슷한 좌절과 실패를 경험했는데도 그들은 어떻게 새로운 도전을 과감하게 하는 걸까?

셀리그먼의 실험으로 다시 돌아가 보자. 그는 도전을 포기한 개들, 즉 무기력을 학습한 개들을 안아서 장애물 너머 안전한 곳으로 데려다 놓았다. 한 번으로 그치지 않고 여러 번 반복했다. 자신의 힘으로 극복할 수 없었던 개들이 도움을 받아 안전한 곳으로 옮겨진 것이다. 그 개들에게 어떤 변화가 일어났을까? 무기력했지만 안전한 곳으로 옮겨진 경험을 한 개들은 얼마 지나지 않아 칸막이를 넘어서는 법을 배웠다. 안전하게 구조되는 새로운 경험을 통해 자신도 행동하면 무엇이든 가능하다는 사실을 깨달았다. 셀리그먼은 어릴 때 그런 반응을 배운 강아지가 커서도 학습된 무기력을 잘 극복해내는 것을 발견했다. 그렇다면 사람은 어떨까? 당연히 좌절하고 무기력해졌던 아이들이 안전하게 구조되는 보살핌을 통해 다시 힘을 내어 극복할 수 있지 않을까?

'나는 해봤자 소용없어.'
'해도 잘 안 될 거야.'
'난 잘하지도 못하잖아.'
'앉아서 집중도 못 하는데 뭘 하겠어.
그러니 뭘 하려고 노력할 필요도 없는 거야.'

우리 아이가 혼자 마음속에서 이런 말을 되새기고 있다면 '안전한 곳으로 옮겨놓는 작업'이 필요하다. '부족하다, 못 한다, 어리석다'는 고통스러운 공격 속에 머물게 하지 말고, 마음 편안하고 안

전한 곳으로 옮겨놓아야 한다. 이렇게 보호받은 경험이 있는 아이가 스스로 회복력을 가질 수 있다.

이제 우리 아이가 실수하고 실패하며 넘어질 때 다시 안전함을 경험하게 하는 방법을 고민할 때다. 엄마의 어떤 말과 행동이 아이에게 심리적 회복을 가능하게 하는 안전장치가 될까? 실수 속에 숨어 있는 다른 의미, 실패했음에도 얻을 수 있는 소중한 가치와 그 속에서 아이가 간직하고 노력했던 긍정적 의도를 찾아내 주어야 한다. 그래야 실수하고 실패했지만 좋은 의도를 가지고 노력했고, 그 훌륭함이 앞으로 자신을 성장의 길로 이끌어갈 것이라는 확신을 갖게 한다. 확신은 밖에서 찾기 어렵다. 아이의 마음속에서 찾아 꺼내어 말해주자.

"네가 얼마나 훌륭한 사람인지 알아? 넌 어떤 일을 하든 항상 좋은 의도로 행동했어. 엄마가 속상할까 봐, 동생 버릇이 나빠질까 봐 걱정하는 좋은 의도가 있었어. 비록 결과는 좋지는 않았지만, 이 또한 너에게 꼭 필요한 과정이라 생각해. 넘어지지 않고 걸음마를 배우지 못하잖아. 네가 걸음마 배울 때 몇 번 넘어졌는지 아니? 하루에 수십 번도 더 넘어졌지. 그때마다 넌 벌떡벌떡 일어났어. 넌 그런 아이야."

엄마가 아이에게 주는 마음의 선물 가운데 이미 자신은 훌륭한 사람임을 깨닫게 하는 것만큼 좋은 것이 또 있을까?

- 동생을 때렸지만 때리지 않으려 노력했던 자신을 깨닫기
- 공부가 싫다고 외쳤지만 사실은 자신도 공부를 잘하고 싶다는 마음을 깨닫기
- 무심코 한 행동이 남을 도와주고 배려하는 행동임을 깨닫기

    자신의 존재가 얼마나 소중하고 훌륭한지 스스로 깨닫기에는 장애물이 많다. 아이를 둘러싼 대부분 환경이 아이에게 얼마나 부족하고 못났는지만을 말하고 있다. 그 와중에 한 줄기 빛처럼 아이의 존재를 빛나게 하는 말을 들려주지.

긍정적 의도를 찾으면
아이의 행동이 확 달라진다

문제 행동에도 긍정적 의도가 숨어 있다

아무리 깨워도 일어나지 않고 이불 속에서 뒹군다.

밥은 안 먹고 계속 반찬 투정을 한다.

빨리 씻고 옷 입으라고 했더니 딴짓만 하고 있다.

유치원이나 학교에 가기 싫다고 떼를 쓴다.

준비물을 챙기지 않는다.

학교에 다녀오면 인사도 하지 않는다.

묻는 말에 대답을 잘 안 한다.

TV 그만 보고 숙제하라고 말해도 듣지 않는다.

남의 물건을 말없이 가져온다.

게임 규칙을 자꾸 어긴다.

반칙을 써서라도 이기려고 한다.

엄마가 힘들어하는 아이들의 문제 행동이다. 아이가 이렇게 행동할 때 지금까지는 어떤 말로 반응했는가? 그 방법은 효과가 있었나? 만약 효과가 있었다면 엄마의 말을 듣고 순순히 좋은 행동을 했는가, 아니면 못 이긴 척 부루퉁한 표정으로 억지로 행동했는가? 만약 억지로 엄마 말을 들은 것이라면 지금 당장은 효과가 있어 보여도 결국에는 실패한 것이나 마찬가지다. 시간이 지나고 나면 분명 엉뚱한 데서 문제가 불거진다.

아이는 늘 자신이 이해받지 못한다고 생각하고, 이렇게 반복되는 일상을 지긋지긋하게 느낀다. 아이가 커가는 소중한 시간을 이런 식으로 반복한다는 것은 불행한 일이다. 순간순간이 이어져 우리의 삶을 이루는데 그 순간순간이 아이에게 고통스럽다면 안타깝기 그지없다. 아이의 마음을 제대로 알아보자. 문제 행동을 하고 싶은 것도 아이의 마음이지만 그 속의 좋은 의도 또한 아이의 마음이다. 지금까지 부정적인 부분을 찾아내서 아이를 걱정하고 다그쳤다면 이제는 좀 다르게 해보자. 아이의 행동에 숨어 있는 긍정적 의도를 찾아보자.

물건을 훔친 아이가 있다. 그 아이는 대가를 지불하지 않고 남의 물건을 욕심냈다. 분명히 나쁜 짓이다. 그런데 아이는 왜 그렇게 했을까? 왜 부모에게 돈을 달라고 말하지 못했을까? 이유는 많다. 분명히 안 된다고 할 테니까. 쓸데없는 것을 갖고 싶어 한다고 혼날 테니까. 다른 이유도 있다. 돈 없는 부모의 주머니 사정이 걱정되어서라거나, 사줄 형편이 안 되는데 사달라고 하면 속상하실 것 같아서 등이다. 이 중 긍정적 의도는 무엇인가? 부모님의 속상함과 경제 사정을 걱정하는 예쁜 마음이 아이의 긍정적 의도다. 아이의 마음이 이해된다면 이제 이렇게 말해보자.

"엄마가 속상해할까 봐 사달라는 말을 못 했구나."
"우리 집 형편이 안 좋은 걸 걱정했구나."

말 속에 숨은 비밀

이렇게 말하면 아이의 잘못된 행동은 언제 지적하고 고쳐주는지 걱정될 것이다. 속에서 울화통이 터지는데 어떻게 이렇게 말할 수 있느냐고 따지고 싶은 생각도 들 것이다. 이런 마음이 들 때는 아이의 마음에서 무슨 일이 일어나고 있는지 찬찬히 살펴보자.

엄마가 아이의 긍정적 의도를 읽어주면 눈물을 글썽이지 않는 아이가 없다. 자기도 미처 깨닫지 못했던 자신의 마음을, 가장 깊숙이 숨어 있던 자신의 예쁜 마음을 사랑하는 엄마가 따뜻하게 말해주는데 어떤 아이가 마음이 움직이지 않겠는가? 엄마가 아이의 긍정적 의도를 말해주면 아이의 마음은 올바른 쪽으로 방향을 잡고 움직이기 시작한다. 그리고 엄마가 자신을 얼마나 사랑하는지 깨닫는다. 다시는 잘못된 행동을 하지 않겠다고 스스로 다짐한다. 예전과 달리 옳은 행동으로, 성숙한 행동으로 자신의 마음을 표현한다. 물론 이런 현상은 마음속에서 일어나기에 엄마의 눈에 보이지 않을 수도 있다. 불안하다면 다음에서 안심해도 되는 근거를 찾아보자.

> 뉴욕 거리에서 구걸하는 시각장애인이 "나는 맹인입니다"라는 팻말을 목에 걸고 앉아 있었지만 아무도 거들떠보지 않았다. 그 앞을 지나던 한 시인이 팻말의 글을 "봄은 곧 오는데 나는 볼 수가 없습니다"라고 바꾸어 써주었다. 그 후 그 앞을 지나는 많은 사람이 시각장애인에게 적선을 하기 시작했다. 왜 이런 변화가 가능했을까? 시인이 써준 문장 속에 비밀이 숨어 있다.
>
> – EBS 다큐멘터리 〈언어발달의 수수께끼〉 중에서

중앙대학교 이찬규 교수는 이렇게 말한다.

"나는 맹인이니 도와달라는 것은 굉장히 직접적인 화법이다. 이렇게 어떤 사람에게 직접 명령하면 강요가 된다. 자신이 맹인이라는 사실과 전혀 관계가 없는 '봄'이라는 사실을 끌어와 간접적인 방식으로 자신을 도와달라고 표현하면 받아들이는 사람 입장에서 자기 해석이 된다. 결국 자기 주도적이 되기 때문에 상당히 효과가 있다."

시인의 문장 속에는 비밀이 한 가지 더 있다. 다음의 문장을 읽어보자.

"나는 볼 수가 없습니다. 봄은 곧 오는데 말이죠."

"봄은 곧 오는데 나는 볼 수가 없습니다."

두 문장 중에서 어떤 문장이 더 마음에 와 닿는가? 볼 수가 없다는 부정적인 내용에 초점이 맞추어지면 앞서 언급한 강요의 의미가 먼저 전달된다. 뒤에 오는 봄의 이미지가 제 역할을 하지 못한다. 마음에서 느껴지는 차이가 작다 해도 행동으로 나타나는 효과는 꽤 크다. 엄마가 아이에게 하는 말에도 이런 현상이 적용된다. 이찬규 교수는 또 이렇게 말한다.

"가르칠 때도 먼저 긍정적인 것을 이야기해주고, 그다음에 아이가 고쳐야 할 것을 이야기하면 충고를 더 쉽게 받아들인다. 하지만 아이가 가진 부정적인 면을 먼저 말하고 긍정을 말하는 방식, '넌 이런 것을 고쳐야 한다. 하지만 이런 건 괜찮다'고 해봐야 아이는 받아들이기가 굉장히 어렵다. 이것이 말의 순서의 차이다."

왜 시인이 써준 문장이 사람들의 행동을 변화하게 했는지 이제 이해가 된다. 부정적 의미로만 이루어진 문장은 상대방을 설득하기 어렵다. 아이는 가장 먼저 엄마 입에서 툭 튀어나오는 부정적인 말에 영향을 받는다. 아이가 허락 없이 남의 물건을 가져왔을 때, 지금까지 아이에게 했던 말을 생각해보자.

"네가 뭐가 되려고 이런 행동을 하니."

"어떻게 이런 짓을 하니!"

"이런 행동은 나쁜 행동이야. 이건 도둑질이야. 절대 다시는 이래서는 안 돼."

엄마의 말은 온통 부정적이고 아이는 그 말에 영향을 받는다. 아무리 혼을 내고 훈계해도 문제 행동이 고쳐지지 않았던 이유 중의 하나가 바로 엄마의 말에 있었다. 이제 아이에게 다시는 나쁜 행동을 하지 않겠다는 다짐을 받고 싶다면, 엄마가 꼭 먼저 해야 하는 말이 있다. 바로 아이의 긍정적 의도다. 아무리 문제 행동이라 해도 그 행동 속에 숨어 있는 긍정적 의도를 충분히 읽은 다음 말해주기 바란다.

연습이 필요하다

이런 말이 중요하다는 것을 알기는 하지만, 막상 그 상황이 되면 생각나지 않는데 어떻게 해야 하느냐고 하소연하는 경우가 많다. 아무리 쉽고 좋은 말이라 해도 사용하지 않던 말은 입에 붙지 않기 마련이다. 한마디 하려면 어색하기 짝이 없다. 들어본 적도 없고 말해본 적은 더욱 없으니 너무 당연한 일이다. 이럴 때 필요한 것이 바로 연습이다. 처음부터 두발자전거를 잘 타는 사람은 없다. 연습이 필요하다.

아이의 긍정적 의도를 알아주는 것이 좋은 줄 머리로는 이해했지만 아직 내 것이 되지 못했고 얼마나 효과적인지 경험도 부족하다. 그렇지만 엄마란 아이에게 좋다고 확신하기만 하면 아무리 어려운 것이라도 거뜬히 참고 이겨내고 극복하는 사람이다. 그런 엄마에게 이까짓 말이 뭐 그리 어렵겠는가? 다만 아직 제대로 효과를 경험하지 못했기에 생각도 나지 않고 입 밖으로 나오지 않는 것뿐이다.

효과를 알려면 어쨌든 실행해야 한다. 딱 열 마디만 해보자. 아마 세 번 정도만 말해봐도 아이의 행동이 변하는 것을 경험하게 되겠지만, 그래도 의심이 나는 경우를 대비해 열 번으로 권하고 싶다. 그 열 번의 말은 제대로 해봐야 한다. 그래야 성공 경험이 인식의 변화로 이어질 수 있기 때문이다. 다음 상황에서 아이의 말과 행동에서 나타나는 긍정적 의도가 무엇인지 찾아보자. 다음 글을 읽고 질문에 답해보자. 기왕이면 직접 써서 눈으로 확인하기 바란다.

7살 난 여동생이 오빠와 가위바위보에서 졌다. "몰라! 다시 해! 오빠가 늦게 냈어!"라고 소리 지르며 오빠를 때린다.

오빠는 "그만해. 또 우기냐. 때리지 말라고!" 하고 크게 소리 지르며 일어나서 방으로 들어간다. 동생은 따라가서 오빠 옷을 붙잡고 늘어진다. 오빠는 동생을 밀친다.

질문1 평소 당신이라면 동생에게 무슨 말을 하겠는가?

질문2 평소 당신이라면 오빠에게 뭐라고 말하시는가?

질문3 질문1, 2에서 답한 말들은 아이가 바람직하게 달라지게 하는 효과가 있었는가?

질문4 동생은 반칙했다고 우기면서 오빠를 때리고 오빠 옷을 잡고 늘어졌다. 동생 행동의 긍정적 의도는?

질문5 오빠는 소리 지르고 때리는 동생에게 같이 소리 지르고 방으로 들어가려다 동생을 밀쳤다. 오빠 행동의 긍정적 의도는?

오빠에게 우기고 때리는 동생의 행동도, 잘 포용하지 못하는 오빠의 행동도 문제로 보일 수 있다. 하지만 계속 강조하듯이 충고나 훈계, 설교는 별 효과가 없다. 이 상황에서 각각 아이가 마음속에 가지고 있는 긍정적 의도를 찾아보자. 우선 질문 1, 2, 3에 대한 답과 질문 4, 5에 대한 답을 비교해보자. 만약 내가 아이라면 어떤 마음이 들겠는가? 분명 긍정적 의도를 알아줄 때 마음이 진정되고 무언가 생각할 수 있게 된다.

동생은 이기고 싶다. 그래서 오빠에게 자신이 이길 때까지 계속 해달라고 요구한다. 그런데 동생이 아는 최선의 방법은 떼쓰고 오빠를 때리는 것이다. 동생의 긍정적 의도는 이기고 싶다는 것, 자신이 아는 방식으로 최선을 다하는 것, 오빠랑 재미있게 놀고 싶은 마음이다. 이겨야 더 재미있을 것이라는 믿음이 작용한다. 이런 마음을 알아주면 된다. 우선 긍정적 의도를 읽어주자. 그런 다음 제대로 표현하지 못해 복잡한 마음을 읽어주면 된다. 문장이 길면 아이가 못알아 들을 수 있으니 짧은 문장을 표현하는 것이 더 효과적이다.

"오빠랑 재미있게 놀고 싶었구나. 그런데 져서 속상했어."

"가위바위보를 다시 하고 싶었구나. 그런데 오빠한테 말하는 방법을 몰랐어."

"오빠가 양보해 주기를 바랐구나. 오빠가 네 마음 몰라줘서 서운했구나."

"그런데 제대로 말하지 않으면 오빠도 네 마음을 알 수가 없어."

밑줄 친 부분은 모두 아이의 예쁜 마음이다. 다만 아이는 자신의 의도를 표현하는 좋은 방법을 알지 못한다. 그러니 좋은 의도가 있었음에도 의도는 잊은 채 마음에 들지 않는 결과에 연연해 한다. 이때 엄마도 결과만 가지고 충고하는 것은 소용이 없다. "다시 하자고 제대로 말해"라든가 "때리니까 안 되지. 안 때리고 말해야지"라고 수없이 훈계를 해봤지만 효과가 없지 않았는가? 아이들은 자신의 긍정적 의도를 속속들이 알아줄 때 그제야 바람직한 방법을 사용하고 싶다고 생각한다.

오빠의 긍정적 의도도 살펴보자. 오빠는 동생이 규칙을 잘 지켜주기를 바란다. 자신이 꼭 이기기만을 바라는 것은 아니라는 말이다. 게다가 동생은 오빠를 때렸지만 오빠는 동생을 때리지 않았다. 상황을 끝내기 위해 자리를 피하려는 노력도 했다. 동생이 붙잡고 늘어지자 그제야 밀치기만 한다. 상황을 조용히 끝내고 싶다는 긍정적 의도가 확연히 드러난다. 이때 오빠에게 양보하지 않았다거나 동생을 밀쳤다고 혼내는 말을 한다면 억울함만 쌓일 것이다. 이럴 때는 오빠의 긍정적 의도를 읽어주자.

"동생하고 놀아주려고 했는데 또 우기기만 해서 속상했겠다."
"동생이 때려도 끝까지 참아주려고 했구나."
"싸우지 않고 끝내려고 자리를 피하다니 정말 대단하다."

오빠 입장에서 엄마가 이렇게 자신의 좋은 의도를 알아주면 더는 억울함도 없고 동생에 대한 미움도 남지 않는다. 아마 동생이 이런 행동을 계속하면 친구들에게 왕따를 당할 거라 걱정해주는 말도 할 것이다. 아이와 이렇게 한번 성숙하게 대화해보자. 대화가 완성된 후 엄마와 두 아이의 마음에 남는 것은 무엇일까? 궁금하다면 대화가 끝난 다음, 아이의 행동을 관찰해보면 된다. 분명 두 아이는 잠시 후 아무 일 없었다는 듯이 다시 사이좋게 놀고 있을 것이다.

03

아이의 진심을 알아주는
감동적인 한마디

우리 아이가 달라졌어요

7살 딸 지윤이와 5살 아들 지혁이를 둔 엄마는 생일을 맞았다. 아이들은 그날 아침 아빠의 말을 듣고서야 엄마의 생일을 알았다. 저녁에 가족이 함께 외식을 하기로 했다. 그런데 함께 유치원에 다녀온 두 아이가 뭔가를 쑥덕이더니 방에 들어오지 말라며 문을 잠근다. 거실에 앉아 있던 엄마는 잠시 후 두 아이의 초대를 받는다.

"엄마, 이리 와보세요."

"왜?"

"그냥 우리 방에 오세요."

둘이 나와서 엄마의 양손을 끌고 일으켜 세운다. 아이 방에 들어간 엄마는 방안에 펼쳐진 장면을 보고 놀란다.

"와! 이게 뭐야?"

"엄마 생일축하 파티야."

엄마는 "이따 저녁에 할 거잖아"라고 말하려다 멈추었다. 아이들은 어느새 작은 상을 갖다 펴고 그 위에 초콜릿 빵을 놓고 초까지 꽂아두었다. 옆에는 과자와 귤도 차려놓았다. 엄마더러 자리에 앉으라더니 촛불을 켜달란다. 초를 켜자 둘이 생일축하 노래를 부르기 시작한다. 노래가 끝난 후 두 아이는 종이를 접은 카드를 하나씩 갖다 내민다.

엄마는 감동의 도가니다. 아이를 키우며 느끼는 기쁨이 바로 이런 것 아닐까? 서툰 고사리손으로 "엄마 사랑해요"라고 쓰고 하트도 빵빵 날려주는 두 아이의 행동에 엄마의 가슴이 먹먹하고 눈물이 핑 돈다. 이게 뭐라고 엄마는 이렇게까지 감동하는 걸까? 엄마로 살아보면 이런 시간만큼 소중한 것은 없다. 늘 사랑을 주기만 해야 하는 대상으로 알았는데 어느새 이만큼이나 커서 자신도 엄마를 얼마나 사랑하는지 표현할 줄 알게 되었다. 주고받는 사랑만큼 사람을 행복하게 하는 것이 또 있을까? 특히 아이가 주는 사랑은 세상에서 가장 감동적이다. 엄마는 다음 날 아이들에게 감사 표시를 했다.

"얘들아, 엄마 어제 무척 고마웠어. 정말 감동했어. 너희의 엄마라서 무척 자랑스러워."

아이들은 환하게 미소 지으며 더 예쁜 짓을 하려 애쓴다.

"엄마, 어깨 주물러 드릴까요?"라거나 "나 이제 공부해야지"라며 풀다 만 학습지를 가져다 엄마 앞에서 공부하는 시늉을 한다. 아이는 자신의 어떤 행동이 엄마를 기쁘게 하는 줄 너무 잘 알고 있다. 그런 누나 옆에서 5살 동생도 책을 가져와 아직 글자도 잘 모르면서 책 읽는 시늉을 한다. 이런 시간은 무척 소중하다.

그런데 이렇게 예쁜 지윤이와 지혁이의 6개월 전 모습은 전혀 이렇지 않았다. 엄마는 두 아이와 씨름하느라 하루 종일 신경이 곤두섰다. 누나는 동생이 싫다며 갖다 버리라는 말을 수시로 했으며, 때로는 동생이 차에 부딪혔으면 좋겠다는 끔찍한 말도 내뱉었다. 동생도 만만치 않았다. 누나가 뭔가 가지고 있으면 무작정 달려와서 빼앗고, 마음대로 안 되면 발로 차고 때리고 깨물기 일쑤였다. 두 아이가 서로 엉겨 붙어 소리 지르고 싸우지 않는 순간이 거의 없다고 느껴질 정도로 엄마는 두 아이의 싸움에 넌덜머리가 났다.

엄마는 두 아이를 동시에 같이 상담해서 머릿속을 확 바꿔달라고 부탁했었다. 그렇지만 마술처럼 환상적으로 한순간에 변하지는 못한다. 그래도 어느 정도 시간이 지나고 생각하면 '참 많이 달라졌다' 싶은 변화는 얼마든지 가능하다.

우선 엄마에게 두 아이의 마음속에 여전히 예쁜 모습이 있다는 사실을 믿는지 질문했다. 그러자 엄마는 "그렇겠죠. 당연히 뭔가 있겠죠. 하지만 지금 당장 제가 못 견딜 것 같아요. 제발 어떻게 좀 해주세요"라며 하소연했다.

두 아이와 함께 만나는 첫날 누나와 동생은 주뼛거리며 책상 앞에 앉았다. 잠시 아무 말 없이 아이들을 바라보았다. 이런 상황이 낯설고 지루했는지 동생이 발로 책상을 툭툭 찬다. 누나가 바로 동생을 제지한다.

"하지 마! 그러면 안 돼!"

동생은 발장난을 멈춘다. 이 모습을 보고 누나에게 말했다.

"동생이 얌전하게 앉아 있기를 바라서 그렇게 말했구나. 누나가 되게 의젓하네. 멋지다."

동생에게 말했다.

"누나가 옳은 말을 하면 잘 따를 줄 아는구나. 정말 멋진 동생이네."

그리고 잠시 두 아이를 다시 살펴보았다. 나의 말에 기분이 좋아졌는지 얼굴에서 긴장이 풀리고 주변을 둘러본다. 동생이 말한다.

"누나, 장난감도 있어. 저기 게임도 있고."

누나도 동생의 말에 보탠다.

"선생님, 우리 저거 갖고 놀아도 돼요?"

나는 흔쾌히 허락했다.

"그럼 되고말고."

둘은 제대로 재미있게 논다. 레고 블록으로 각자 원하는 것을 만들도록 했다. 두 아이가 뭔가 말하고 행동하려 할 때마다 긍정적 의도를 읽어주었다.

원하는 블록 조각을 찾아 계속 레고를 뒤지면, "딱 맞는 조각을 찾아서 잘 만들고 싶구나."

만들다 다시 망가뜨리면, "더 멋지게 만들려고 그러는구나."

동생이 만들다 누나 것을 보고 자신이 사용하려던 조각을 가져갔다고 불만을 말하면, "저 조각으로 더 멋지게 만들고 싶구나."

누나가 동생이 달라는 조각을 슬쩍 내려놓으면, "동생에게 양보해주기로 마음먹었구나. 정말 훌륭하다."

신기하게도 이렇게 말하고 나면 아이들은 불만스럽던 마음을 진정시키고 빛나는 이성을 발휘하기 시작한다. 늘 동생에게 빼앗기는 느낌으로 불만을 호소하던 누나는 때로는 자신이 자발적으로 동생을 챙기고 배려하고 있다는 사실을 깨닫는다. 누나에게 떼쓰고 엄마에게 이르기만 하던 동생은 자신이 누나만큼 잘하고 싶고, 누나는 그걸 도와주려는 마음이 있다는 사실을 깨달았다. 두 아이는 모두 자연스럽게 성숙한 모습을 회복하기 시작했다. 물론 엄마도 열심히 새롭게 배운 엄마의 전문용어를 사용하여 두 아이가 떼를 쓸 때마다 긍정적 의도를 읽어주었다. 그리고 몇 달이 지나자 어느새 두 아이가 생일파티까지 열어주며 감동을 준다.

아이의 긍정적 의도를 알아주면 아이의 행동에 분명 변화가 찾아온다. 아이의 변화는 때로는 갑자기, 때로는 가랑비에 옷 젖듯이 소리 없이 다가온다. 어떤 속도로 다가오든 뒤돌아보면 참 신기하고 대견하고 또 감사하다. 아이의 행동이 달라지지 않아 고민하고 있다면 아이 마음속의 예쁜 마음, 긍정적 의도를 찾아 말해주자. 아이가 진정으로 변화하길 바란다면 아이 마음속에 숨어 있는 긍정적 의도를 찾는 것이 가장 중요하다.

타오싱즈의 4개의 사탕 이야기

타오싱즈(1891~1946)는 중국의 유명한 교육가로 창조적인 형태의 학교를 만들어 현대 중국 교육 이론의 기초를 마련한 사람이다. 기존의 봉건 교육 방식에 반대해 인성 교육과 창의력 발달을 중시했으며, 학생에게 진실을 가르치는 것을 최우선으로 삼았던 인물이다. 다음은 타오싱즈의 '4개의 사탕' 이야기이다.

그가 초등학교 교장을 맡고 있을 때의 일이다. 학교 교정에서 남학생 왕요우가 같은 반 친구를 때리는 것을 보았다. 타오싱즈는 곧바로 멈추라고 소리쳤다. 그리고 왕요우에게 수업이 끝난 후 교장실로 오라고 했다. 타오싱즈가 다른 데서 일을 보는 동안 수업이 끝났다. 그가 교장실에 도착했을 때 왕요우는 먼저 와서 그를 기다리고 있었다. 타오싱즈는 혼나기를 기다리며 고개를 숙인 아이에게 사탕 하나를 주며 말했다.

"이것은 네가 시간에 맞춰왔기 때문에 주는 상이다."

왕요우는 놀라며 사탕을 받았다. 타오싱즈는 다시 사탕을 하나 더 손에 쥐여 주면서 이렇게 말했다.

"이 두 번째 사탕 역시 상으로 주는 것이다. 내가 너에게 친구를 때리지 말라고 했을 때 즉시 행동을 멈추었기 때문이지. 그건 네가 나를 존중한다는 의미이니 마땅히 상을 주어야지."

왕요우는 더욱 놀랐다. 거기서 멈추지 않고 타오싱즈는 세 번째 사탕을 왕요우에게 주며 말했다.

"내가 알아보니 네가 그 친구를 때린 것은 놀이 규칙을 지키지 않고 여학생을 괴롭혔기 때문이더구나. 그렇다면 네가 매우 정직하고 선량하며 나쁜 사람과 싸울 수 있는 용기가 있음을 보여주는 것이니 너에게 상을 주는 것이 마땅한 거야."

왕요우는 교장 선생님의 말에 감동해서 눈물을 흘리며 후회했다.

"차라리 저를 몇 대 때려주세요. 제가 때린 건 나쁜 사람이 아니라 제 친구잖아요."

타오싱즈는 부드러운 미소를 지으며 다시 네 번째 사탕을 꺼내 왕요우에게 주며 말했다.

"네가 네 잘못을 정확히 알기에 또 사탕을 상으로 주는 거야. 이런, 사탕이 이게 마지막인 게 안타깝구나. 내 사탕도 바닥났으니 우리 얘기도 이제 끝내야겠구나."

-《좋은 부모가 되려면 자녀와 협상하라》(웨이야리 지음, 눈과마음, 2005)중에서

친구를 때리는 아이를 보면 누구나 말리고 훈계한다. 하지만 그 다음에 아이를 대하는 말과 행동은 타오싱즈와 정반대인 경우가 대부분이다.

만약 우리가 왕요우였다면 가슴속에 어떤 감동과 생각이 자리 잡게 될까? 다음에도 친구를 괴롭히는 아이를 보면 어떻게 해야겠 다는 생각이 들까? 다음에는 모른 척해야겠다거나 정의를 실현하 기 위해 무작정 달려가 혼내줘야겠다는 생각이 드는가? 아마 그렇 지 않을 것이다. 어떤 방법이 가장 현명하고 지혜로운 방법인지 고 민할 것이다. 교장 선생님을 실망시키지 않기 위해, 자신이 좀 더 좋은 사람이 되기 위해 어쩌면 타오싱즈를 비롯한 주변 어른들께 자발적으로 먼저 조언을 구할 수도 있다.

소중한 한 번의 경험은 평생 마음에서 떠나지 않는다. 다양한 상 황에서 갈등할 때마다 마음의 이정표가 되고 빛나는 등불이 되어 올바른 삶으로 우리를 이끌어준다. 왕요우가 나중에 어떤 사람으 로 자랐는지 기록을 찾기 어렵지만, 그가 어떤 일을 하며 살았든 분명 바른 가치관과 올바른 행동으로 아름답게 살았으리라 확신 한다.

타오싱즈에게 배울 점이 더 있다. 무슨 일로 왕요우가 친구를 때 렸는지 사건의 자초지종을 알아보려 노력한 점이다. 이런 행동은 분명 아이를 믿는 마음이 있어야 가능하다. 우리는 아이가 문제 행 동을 하면 그 이유를 잘 묻지 않는다. 엄마의 두 번째 전문용어인

"이유가 있을 거야"라는 말을 하기 위해 필요한 것은 아이를 믿는 마음이다. 타오싱즈는 친구를 때린 이유가 있을 것이라 믿었기에 무슨 일이 일어났는지 알아보았다. 그가 아이에게 준 4개의 사탕은 아이들의 선한 본성을 믿는 강한 신념이 있었기에 가능했다.

그는 아이들의 문제 행동에서조차도 긍정적 의도를 찾아내었다. 멈추라고 말하니 멈췄다고 사탕을 주고, 그것이 교장 선생님을 존중하는 행동이라 해석하는 그의 따뜻한 현명함을 배우고 싶다. 우리의 소중한 아이들이 누군가에게 그런 말을 들으며 살았으면 좋겠다. 바로 그 사람이 엄마라면 얼마나 좋을까?

04

엄마는 왜 이렇게
말 안 해줘?

초등학교 4학년 딸이 엄마가 보다가 펼쳐둔 양육서를 뒤적여본다. 아이 책도 아닌데 뭐가 재미있는지 한참을 본다. 그런데 책을 보던 아이가 갑자기 엄마에게 책의 한 부분을 펼쳐 보이며 따지듯 말을 건다.

 "엄마는 왜 이렇게 말 안 해줘?"

"무슨 말?"

 "여기 이 책에 나오는 말!"

"무슨 말인데?"

 "애들한테 이렇게 물어보라고 하잖아. 왜 읽은대로 안 해?"

평소 반말을 사용하지 않던 아이가 갑자기 반말까지 하면서 엄마에게 공격하는 모양새가 마치 드디어 뭔가 꼬투리를 잡고 말할 수 있게 된 것처럼 의기양양하다. 엄마는 아이에게 어떤 말이 듣고 싶었는지 물었다. 아이가 "다 마음에 들지만 특히 지금은 이거!"라며 짚은 부분은 이런 내용이었다.

💬 **숙제가 끝난 후에 하고 싶은 일은 뭐니?**

숙제하는 데 어려운 점은 뭐니?

어떻게 하면 숙제를 쉽게 할 수 있을까?

숙제하는 데 필요한 책이나 도구가 뭐니?

엄마가 뭘 도와주면 좋을까?

숙제가 끝난 후에 하고 싶은 일은 뭐니?

– 《엄마의 말 공부 2》(이임숙 지음, 카시오페아, 2015) 중에서

아이는 엄마가 이렇게 자신의 마음을 물어봐 주었으면 좋겠나 보다. 엄마는 이런 질문을 한다고 아이가 제대로 대답할까 하는 생각에 책을 읽고도 적용해보지 않았다. 아이는 왜 엄마가 이런 질문을 해주기를 바랄까? 아이는 왜 이 질문이 마음에 들었을까? 이유가 있다. 이 질문은 아이를 믿는 엄마의 긍정적 의도가 아이에게 잘 전해지고, 엄마가 숙제를 잘 끝내고 싶은 아이의 긍정적 의도를 인정해준 질문이기 때문이다. 질문이 어떤 의미를 전달하고 있는지 살펴보자.

질문1 숙제하는 데 어려운 점은 뭐니?

⇨ 숙제를 잘하고 싶다는 아이의 긍정적 의도를 엄마가 알고 있다고 전하고 있다.

질문2 어떻게 하면 숙제를 쉽게 할 수 있을까?

⇨ 아이가 스스로 좋은 방법을 찾을 수 있을 것이라는 믿음을 전하고 있다.

질문3 숙제하는 데 필요한 책이나 도구가 뭐니?

⇨ 아이는 자신이 성장하는 데 필요한 도움을 받을 권리가 있음을 알려준다.

질문4 엄마가 뭘 도와주면 좋을까?

⇨ 엄마는 언제나 아이에게 도움을 주는 존재고, 타당한 요구라면 무엇이든 도와줄 수 있음을 전한다. 이런 도움을 받을 수 있다는 사실이 아이에게 심리적 안정감을 준다.

질문5 숙제가 끝난 후에 하고 싶은 일은 뭐니?

⇨ 자신의 수고에 대해 엄마가 함께 기뻐하고 위로하고 격려하겠다는 의미다. 이는 아이가 다음 과제를 수행하는 또 다른 동기를 부여한다. 과제를 개운하게 다 끝낸 후의 심리적 보상은

아이의 내적 동기가 쑥쑥 자라게 한다.

아이가 요구하니 엄마도 마음먹고 말해보았다.

"좋아. 그럼 엄마가 물을 테니 대답해봐."

그러자 아이는 한술 더 뜬다.

"그냥 내가 차례대로 대답할 테니까 내가 말하는 대로 꼭 해줘야 돼요. 첫째, 숙제하는 데 뭐가 힘든지 물어봐 주면 힘든 거 알아주니까 기분이 좋아질 거 같아요. 힘든 거야 많지만 어차피 내가 해야 되는 거니까.

둘째, 숙제를 쉽게 할 수 있는 방법을 물어보니까 생각하게 되고, 갑자기 쉽게 할 수 있을 것 같은 생각이 들어요. 쉬운 거 먼저 골라서 하고 모르면 물어볼게요.

셋째, 숙제할 때 필요한 건…… 음, 간식. 내가 좋아하는 거, 치즈 떡볶이요. 어묵도 많이 넣어서. 치즈가 완전히 덮여야 해요, 헤헤.

넷째, 엄마가 도와줄 일은…… 전 엄마가 숙제할 때 잔소리 안 했으면 좋겠어요. 자꾸 생각하면서 풀라고 하고 빨리 끝내라고 하면 더 생각이 안 난단 말이에요. 진짜 숙제하기 싫어져요.

다섯째, 숙제가 끝나고 하고 싶은 일은 엄마랑 같이 자전거 타고 싶어요. 진짜 같이 탈 거죠?"

아이와 이런 식의 대화를 나누어본 적 없는 엄마는 놀랐다. 아이가 이런 생각을 하고 이렇게 말해주니 갑자기 훌쩍 큰 것 같은 느낌도 들었다. 엄마는 아이에게 말한 대로 하겠다고 약속했다. 그날 아이는 아주 기분 좋게 숙제를 끝냈다. 엄마도 아이가 말한 대로 제대로 집중하라는 말을 하지 않기로 마음먹었다. 잔소리를 하면 더 집중할 것 같지만, 사실은 그 반대라는 말이 맞는 것 같았다. 엄마가 한마디 할 때마다 아이는 짜증만 냈다는 사실을 그제야 떠올렸다.

그날 모처럼 아이와 함께 자전거를 타고 치즈 떡볶이를 만들면서 엄마는 행복감을 맛보았다. 아이를 키우는 일이 늘 오늘 같았으면 좋겠다는 생각이 들었다. 아이의 마음속에 이렇게 예쁜 긍정적 의도가 있음을 확인하고 나니 불안감이 가라앉았다. 그 자리에는 아이에 대한 믿음이 자리했다. 아이가 어떤 행동을 해도 긍정적 의도가 있음을 믿게 되었다. 엄마는 깨달았다. 아이의 마음을 격려하는 최고의 방법은 긍정적 의도를 알아주는 것이라는 사실을.

이제 긍정적 의도를 읽어주는 말들을 다시 정리해보자. 엄마의 전문용어를 5가지로 정리하면서 긍정적 의도를 따로 강조하는 것은 그만큼 현재 우리 아이들의 마음에 가장 필요한 말이기 때문이다. 아직 긍정적 의도를 읽어주는 말들이 잘 와 닿지 않는다면 다음 5가지 용어를 기억해서 잘 활용하기 바란다. 대부분 상황에서 활용할 수 있을 것이다.

긍정적 의도를 알아주는 5가지 전문용어

1. 잘하고 싶었구나.

2. 힘들어도 참으려고 했구나.

3. 기쁘게 해주고 싶었구나.

4. 잘되길 바랐구나.

5. 도와주려고 그랬구나.

이제 엄마가 공부한 엄마의 전문용어를 아이의 일상에서 적용해보자. 아무리 많이 알아도 정작 바로 그 순간에 활용할 수 없다면 아무 소용이 없다. 나의 소중한 아이는 바로 지금 이 순간에 자기 마음을 콕 집어서 알아주는 엄마의 말이 나오기를 기다리고 있다. 엄마가 말해주어야 아이는 오늘 하루를 통해 또 예쁘게 성장할 수 있다. 아침에 잠에서 깰 때부터 파란만장한 하루를 보내고 편안하게 잠들 때까지 하루의 일상에서 5가지 엄마의 전문용어를 어떻게 적용할 수 있는지 알아보자. 행복한 하루 대화가 가능해질 것이다.

PART

04

아침에 일어나서
밤에 잠들 때까지
엄마의 하루 대화법

아침:
등교가 불안정한 요즘,
올바른 생활습관을 잡을 수 있게 도와주세요

01

온라인 수업이라 일어나지 않는 아이,
어떻게 할까요?

코로나 19로 인해 등교가 불안정해지면서 생활습관이 엉망이 된 아이들 때문에 부모의 스트레스가 극에 달하고 있다. 그중에서도 집집이 제일 힘든 점은 아침 9시에 시작하는 온라인 수업을 위해 아이를 깨우는 것이다. 이상하게 등교할 때보다 더 깨우기가 힘들다. 왜 그럴까?

등교할 때, 방학 때, 집에서 온라인 수업을 들을 때, 상황에 따라 아이의 기상 시간은 자주 달라진다. 이런 갈등의 시작은 의외로 부모와 아이의 기상 시간에 대한 생각 차이에서 비롯된다. 아침에 아이 깨우기가 너무 힘들다는 초등 2학년 아이와 엄마에게 온라인 수업을 할 때 몇 시에 일어나는 것이 바람직하다고 생각하는지 질문했다.

🧑 9시에 시작하니까 한 8시 50분쯤?

👩 그게 말이 되니? 9시에 온라인 시작하니까, 8시엔 일어나서 준비해야지.

이후의 대화가 어떻게 이루어질지는 굳이 설명하지 않아도 짐작이 될 것이다. 바로 이 지점이다. 아이를 깨울 때 갈등을 겪는 첫 번째 이유가 기상 시간에 대한 합의가 이루어지지 않았기 때문이다. 등교할 땐 모두가 정해진 시간에 일어나야 함을 알고 있다. 그러니 깨우는 방법만 고민하면 되었다. 하지만 방학과 온라인 수업이 진행되는 시점에서는 서로의 생각 차이가 아침마다 전쟁을 일으킨다. 엄마는 다시 아이에게 자신의 생각을 강조한다.

👩 "온라인 수업이 9시면 8시에는 일어나서 씻고, 밥 먹고, 정신 차리고, 준비해서 9시에 집중해서 수업 들어야지!"

하지만 아이의 생각은 전혀 다르다. 9시에 시작하니까 바로 직전에 일어나면 된다고 한다. 아침은 안 먹어도 되고, 심지어 들으면서 먹겠다고 말하는 아이도 있다. 옷을 갈아입을 필요가 없다고 말하기도 한다. 이런 작은 생각의 차이가 아침 전쟁을 불러일으킨다.

그러니 우선 기상 시간과 아침에 해야 하는 일에 대해 아이와 협의하고 약속을 정해야 한다. 등교할 때보다 약간의 여유를 둔다면 8시에서 8시 30분에는 일어나야 한다. 부모만의 규칙이 아니라 아이와의 협의를 통한 규칙이어야 한다는 점이 무엇보다 중요하다. 그리고 그걸 지키도록 도와주어야 한다. 일어나서 등교할 때처럼 옷도 갈아입고 학교 책상에 앉는 것처럼 책상 앞에 앉아 온라인 등교를 준비해야 함을 아이와 의논하고 약속해야 한다.

또한 주말 기상 시간도 좀 여유롭게 늦잠이 가능한 정도로 미리 협의해 두어야 한다. 약속 시각을 정한 후에 깨우는 방법에 대해 고민해 봐도 늦지 않다.

"온라인 수업도 학교 갈 때처럼 준비하는 게 원칙이야. 다만 학교 가는 시간이 줄어드니까 20~30분 정도 늦게 일어나는 건 괜찮아. 주말엔 기분 좋을 정도로 늦잠자도 돼."

이런 대화를 들려주고 아이의 의견을 물어보자. 혹시 "왜 그래야 하는데요?"라고 묻는다면, 훌륭한 사람이 되기 위해 꼭 지켜야 하는 원칙이라 설명해 주자. 밥을 먹어야 하고, 친구들과 잘 지내야 하는 원칙처럼 이유를 따지지 않고 지켜야 하는 원칙이라고 설명하는 것이 더 바람직하다.

"힘들겠지만 잘 일어나도록 엄마가 도와줄게"라는 정도면 충분하다. 그래도 아이를 깨우는 일이 걱정된다면 이제 아이를 깨우는 방법에 대해 생각해 보자.

02

예쁘게 웃으며 잠에서 깨는
아이를 보고 싶다면

잠을 깨우는 것에 관한 잘못된 고정관념

엄마는 아이를 깨워야 한다. 그런데 먼저 점검할 것이 있다. 바로 잠을 깨우는 것에 관한 고정관념이다. 대부분은 자신도 모르는 사이에 잘못된 고정관념을 가지는 경우가 많다. 당신은 어떤 고정관념을 가지고 있는가?

시간에 맞춰 깨워야 한다.
억지로라도 깨워야 한다.
고통을 주더라도 깨워야 한다.

무의식중에 이런 생각이 있으면 처음에는 기분 좋게 깨우려 하지만 결국 화내고 소리 지르며 아이를 깨우게 된다. 이러면 아이도 짜증을 내면서 잠에서 깬다. 하루를 이렇게 시작한 아이의 다음 행동은 불 보듯 뻔하다. 밥도 깨작거리고, 씻고 옷 입는 일도 마치 남의 일처럼 하는 둥 마는 둥 한다. 아이의 행동 하나하나를 지시하고 채근하던 엄마는 속만 터지고 결국 견디다 못해 쫓아다니며 챙기게 된다.

　만약 당신의 아침 시간이 이런 모습이라면 제발 '멈춤!' 하기 바란다. 이런 것이 엄마의 역할이라는 생각도 '멈춤!' 하기 바란다. 엄마는 아이가 잘 크도록 도와주는 존재지 아이를 대신해서 살아주는 존재가 아니다. 아이가 자기 몸을 엄마에게 맡기고 먹여주고 입혀주고 챙겨주는 대로 하도록 놓아두어서는 아이가 잘 자랄 수 없다.

　또 기억할 것이 있다. 짜증을 내며 잠에서 깬 아이는 엄마가 그렇게 헌신적으로 챙겨주어도 신경질만 부린다. 엄마가 그렇게 고생하는데 공은 몰라주고 마음에 들지 않는 모든 것을 엄마 탓이라고 원망한다. 유치원 차를 놓친 것도, 학교에 늦는 것도 모두 엄마 탓이라고 원망한다. 심지어 온라인 수업을 제대로 듣지 않은 것도 엄마 때문이라며 짜증을 낸다. 제발 아침 시간을 이렇게 만들지 않기 바란다. 이러다가는 엄마도 아이도 신경질적으로 변하여 두 사람의 관계에 금이 가기 시작한다.

　아침잠을 깨울 때 스트레스를 주지 않고 아이의 정서 상태를 돌보는 일이 참으로 중요하다. 아이를 깨우는 것에 관한 잘못된 고정관념 때문에 우리 아이의 정서를 무시하는 경우가 많다. 이제 아이를 행복하게 깨우는 것에 관해 생각해보자.

아이를 깨울 때
꼭 지켜야 할 세 가지 원칙

 원칙 ❶
아이가 기분 좋게 눈을 떠야 한다

아이는 기분 좋게 잠에서 깨야 한다. 고통을 주는 방식은 절대 금물이다. 어떻게 하면 아이가 기분 좋게 잠에서 깰지 고민하던 한 엄마는 책을 읽어주며 아이를 깨우기로 했다. 작은 목소리로 속삭이듯 아이가 좋아하는 《혹부리 할아버지》를 읽어준다. 2~3분이 흘러도 아이가 일어나지 않으니 이렇게 말한다.

> 🧕 한참을 읽어도 안 듣네. 그만 읽어야겠다.
>
> 🧒 (눈을 지그시 뜨며) 듣고 있어. 읽어줘. (눈을 다시 감는다)
>
> 🧕 도깨비들은 또 한 번 요술 방망이를 휘둘렀어요. 혹 떨어져라,

뚝딱!

🧒 (입을 오물거리며) 뚝딱!

👩 혹 떨어져라, 뚝딱! 잠에서 깨어나라, 뚝딱!

어느새 아이는 눈을 뜨고 엄마와 함께 "뚝딱!"을 외치며 웃고 있다. 기분 좋게 깨우자는 원칙을 가진 엄마는 어떤 방법을 써도 아이의 기분을 먼저 생각한다. 엄마의 성격이 좋아서가 아니다. 이 엄마가 중요하게 생각하는 것은 바로 기분 좋게 깨워야 한다는 믿음이다. 걸린 시간은 5분이 채 안 된다. 이렇게 하지 않고 계속 아이를 깨우러 왔다 갔다 하는 시간도 사실 재어보면 이보다 더 걸린다. 이 말을 꼭 기억하자.

짜증 내며 일어나면 하루가 기분 좋을 리 없고,
기분이 나쁜데 공부가 제대로 될 리 없으며,
기분 나쁜 아이가 친구랑 잘 지내기도 어렵다.

원칙 ❷
오늘 하루 뭔가 기대할 일을 만든다

아침에 일어나면 유치원이나 학교에 가야 하거나, 아니면 온라인 수업을 꼭 들어야 함을 모르는 아이는 없다. 그런데도 엄마는 아이를 깨우며 "빨리 일어나 늦겠다. 학교 가야지. 온라인 수업 들어야지"라고 말한다. 그럼 아이의 마음속에서 떠오르는 느낌과 생각은 이런 것뿐이다.

'아. 일어나기 싫다. 그냥 자면 안 되나? 온라인 듣기 싫어. 왜 들어야 해? 차라리 정전되어 버리면 좋겠어.', '학교 가기 싫어. 태풍이나 폭설로 계속 휴교령이라도 내리면 좋겠다. 아, 지긋지긋해.'

아이가 이런 느낌으로 잠에서 깨는 것이 싫다면 거꾸로 아이가 기대할 일이 무엇인지 찾아보자. 전날 아이가 잠들기 전에 내일 할 일 중에 신나거나 기대되는 것이 있느냐고 물어보자. 그리고 아이를 깨울 때 "~하러 가야지? 오늘은 ~하는 날"이라고 다정하게 말해주자.

혹시 별로 그럴 일이 없다면 아주 작은 일이라도 하나쯤 만들어주면 좋겠다. 정 없다면 아이가 좋아하는 급식 메뉴에 관해 이야기해주는 것도 좋다. "온라인 수업 끝나고 재밌게 놀자.", "힘들면 쉬는 시간에 푹 쉬어"라는 말도 괜찮겠다. 이 정도면 스트레스를 훨씬 덜 받고 자기가 하게 될 즐거운 일이 떠올라 가벼운 마음으로 자리에서 일어날 수 있다. 빨리 일어나서 학교에 가야 한다는 의무만을 강조하면 아이의 마음에 도움이 되지 않는다.

원칙 ❸
엄마의 사랑을 느끼게 한다

엄마의 다정한 목소리와 스킨십은 언제나 행복을 느끼게 한다.

아이를 깨울 때는 잠자리의 편안함과 고요함이 유지되도록 낮고 조용하고 다정한 목소리로 아이의 이름을 불러주자. 다정한 손짓으로 배나 머리를 쓰다듬거나 뽀뽀해주자. 적당한 강도로 아이의 몸을 스트레칭시켜주고 발과 다리를 마사지하는 것도 무척 좋다. 그리고 아이를 사랑하는 마음을 말로 전달하자.

> "어쩌면 이렇게 자는 모습도 예쁘기만 하니? 엄마도 너랑 같이 더 자고 싶어. 엄마가 주물러줄게. 조금 더 자."

이런 말을 들으며 잠을 깨는데 기분 좋지 않을 리가 없다. 이렇게 전한 엄마의 사랑이 아이의 마음을 가득 채우면 아이도 예쁜 마음으로 눈을 뜰 수 있지 않을까?

아이를 깨우는 엄마의 말

잠에서 깨지 않는 아이의 긍정적 의도는?

더 자고 싶어 하는 아이의 긍정적 의도는 자신도 개운하게 일어나기를 바란다는 점이다. 더 자고 싶은 생각이 굴뚝같지만 진짜 원하는 것은 상쾌하게 잠에서 깨어나는 것이다. 이때는 아이를 부드럽게 다독이며 이렇게 말해주자. 잠시 어리광을 부리다 쉽게 눈을 뜰 것이다.

"일어나고 싶은데 너무 피곤하구나. 씩씩하게 일어나서 신나게 유치원 가고 싶은데 눈이 안 떨어지지."

"일어나" 보다 "10분 더 잘 수 있어"

일반적으로 아이가 잠에서 깨어날 때까지 5~10분 정도의 시간이 걸린다. 이 시간 동안 "일어나"라는 말을 열 번씩 하는 것보다 얼마만큼 더 잘 수 있다고 말해보자. 더 자고 싶은 마음을 알아주는 엄마에 대한 감사로 기분 좋은 하루를 시작할 수 있다.

"10분 더 잘 수 있어. 10분 동안 푹 자."
"이제 5분 더 잘 수 있어. 시간이 왜 이렇게 빨리 가니."
"벌써 시간이 다 되어버렸어."

이 정도면 아이는 분명 잠에서 깨어난다. 그리고 더 자고 싶은 자기의 마음을 알아준 엄마가 고맙게 느껴진다.

04

아침 시간이
하루를 결정한다

아침밥 잘 먹게 하는 법

"빨리 먹어."

"씹어서 그냥 삼켜."

"그만 먹을 거야?"

"빨리 안 먹으면 치운다!"

아이에게 이렇게 말하며 아침을 먹인다면 그야말로 밥 먹는 것
이 전쟁이 되어버린다. 엄마 속도 타들어 가지만 아이도 무척 속상
하다. 먼저 아이의 마음을 살펴보자. 6살 아이에게 아침에 속상한
일이 뭔지, 엄마가 어떻게 해주기를 바라는지 물었다.

🧒 "엄마가 억지로 막 먹게 해요. 나한테 묻지도 않고 국에 말아서 막 넘기라고 해요. 짜증나 죽겠어요! 전 천천히 먹고 싶어요. 맨날 똑같은 거 말고 다른 거 먹었으면 좋겠어요."

아이가 아침에 밥을 천천히 먹을 시간이 있을까? 엄마는 날마다 다른 메뉴를 준비할 수 있을까? 아이의 말은 간단하지만 원하는 대로 해주려니 엄마가 너무 힘들다. 시간은 촉박한데 천천히 먹는 걸 어떻게 봐주고 있겠는가? 날마다 어떻게 다른 메뉴의 음식을 준비할 수 있겠는가? 그냥 묻지 않고 윽박지르는 것이 훨씬 더 나아 보일 정도다. 하지만 기왕에 시작했으니 아이의 마음을 좀 더 알아보자. '천천히'라는 것이 어떤 의미인지 다시 물었다.

🧒 "어차피 먹을 건데 엄마가 먹으라는 말만 안 하면 좋겠어요. 그냥 몇 시까지 다 먹으라고 한 번만 말하면 좋겠어요."

아이가 이렇게 말하면 엄마도 할 말이 있다. 몇 시까지 먹으라고 해도 그때까지 안 먹는 게 문제라고. 엄마 말이 다 맞다. 그렇다면 아이에게 먹으라고 다그칠 것이 아니라, 시간을 지키라고 말하는 것이 맞지 않을까? 이제 아이가 아침밥을 잘 먹게 하는 방법을 알아보자.

아침 식사 메뉴 미리 정하기

아이가 어쩌다 한 번 맛있게 먹으면 엄마는 아이가 그것을 좋아한다고 믿는다. 엄마는 빨리 먹여서 보내야 한다는 압박감에 마음이 짓눌리기 때문에 억지로 먹이려 한다. 어쩔 수 없다고 생각하는 와중에 아이와 엄마의 아침이 망가지고 있다는 점을 알아차리면 좋겠다. 엄마는 이렇게 말한다. 아이가 말만 잘 들으면 평화로운 아침을 보낼 수 있을 거라고.

당신도 그렇게 생각하는가? 주는 대로 먹고, 입히는 대로 입고, 씻으라고 명령하면 군소리 없이 시키는 대로 하는 아이를 원하는가? 생각해보자. 만일 어떤 아이가 이렇게 엄마가 지시하는 대로만 한다면 정말 아이답다고 생각하는가? 아이는 길든 강아지도 아니고 말하는 대로 움직이는 로봇도 아니다. 그런데 어리다는 이유로 명령만 하는 것은 옳지 않다. 아이가 아침밥을 잘 먹기 바란다면, 잘 먹을 수 있는 음식과 환경을 준비해야 한다.

전날 미리 아이가 원하는 메뉴를 물어보자. 아이와 협상하면 된다. 아이가 원하는 것이 엄마가 준비하기에 부담스러운 음식이라면 그건 저녁 메뉴로 하자고 말하자. 그리고 엄마가 아침에 준비할 수 있는 메뉴 두세 가지를 말하고 아이가 그 안에서 선택하게 하자. 아이가 선택하면 탁월한 결정이었음을 말해주자. 무척 기분이 좋아질 것이다.

식사 시간을 지키게 한다

아이에게 아침에 일어나자마자 먼저 식사하고 싶은지, 아니면 유치원과 학교 갈 준비를 다 한 후 먹고 싶은지 물어보자. 아이가 아무리 어려도 사소한 일상에서 자신이 원하는 방식이 있기 마련이다. 그것을 알아주기만 해도 좋은 습관을 만드는 것은 그리 어렵지 않다. 아이가 아침 8시에 밥을 먹겠다고 정하면 그 시간을 지키도록 도와주면 된다. 이렇게 말해보자.

🗣 "8시에 밥을 먹으면 10분 동안 다 먹어야 해. 지킬 수 있겠어?"

분명 말로는 꼭 그러겠다고 장담할 것이다. 하지만 정해진 시간 안에 먹어야 하는데도 시간만 끌고 있다면 이것도 문제다. 이럴 때는 아이에게 물어보는 것이 가장 좋은 방법이다. 밥 먹는 시간이 너무 길어지면 어떡할지 미리 물어보는 것이다. "다 먹을게요"라고 하면 그냥 믿어주자. 물론 아이가 무슨 말을 하든 그 말은 지켜지지 않을 확률이 더 높다. 이유는 간단하다. 아이가 의지박약이라서가 아니라 아이라서 그렇다. 아이는 이 모든 걸 배우는 과정일 뿐이다. 그러니 엄마의 반응 방식도 아이가 배울 것이 있는 방식이면 더 좋다.

만약 정한 시간까지 아이가 다 먹지 못하면 몇 번 정도는 다 먹지 못한 채로 학교에 보내기 바란다. 그래도 안 먹는다고? 절대 그렇지 않다. 흔히 잘 먹지 않는 아이의 식습관을 개선하기 위해 가장 먼저 제안하는 방법은 식사 시간을 정하고 그 시간에만 먹는 것을 허용하는 것이다. 이 방법을 정확하게 실천해보면 절대 안 먹는 아이는 없다.

그래도 아이가 먹지 않는다는 엄마의 일상을 관찰해보면 끼니때에 아무것도 먹지 않은 아이가 안쓰러워 과일이나 음료, 약간의 과자라도 먹인다. 그리고 다시 식사 시간이 되니 아이는 먹지 않는 악순환이 반복된다. 아침을 스스로 먹지 않으면 아이에게 밥을 떠먹여 주고, 데려다주는 길에서도 먹이기 위해 애쓴다. 이래서는 아이의 나쁜 습관을 고치기 어렵다. 정해진 시간에 식탁에 반듯하게 앉아 식사해야 함을 배우게 하자. 아무리 바빠도 꼭 지켜야 하는 규칙이라고 인지하면 아이는 받아들인다. 어렵다면 아직 방법을 찾지 못한 것뿐이다.

우리 집의 밥상머리 문화 만들기

프랑스 육아법이 인기를 얻으면서 종종 프랑스 가족의 식사 장면이 TV에 보인다. 나이가 어린 아이도 식사 시간이 끝날 때까지 식탁에서 일어나지 않는다. 자신이 좋아하지 않아도 먹어야 할 음식을 불평 없이 잘 먹는다. 신기하다. 어떻게 이럴 수 있을까?

그런데 예전에는 우리나라의 식탁 문화도 이랬다. 식탁에 앉으면 어른이 수저를 먼저 들 때까지 기다릴 줄 알았고, 다 먹고 나서도 먼저 일어나지 않고 기다렸다. 골고루 먹으라는 부모님의 말씀에 불만스럽지만 억지로라도 먹었다. 그런데 우리 아이들의 밥상 문화가 몇 년 사이 참 많이 바뀌고 있다. 급하게 챙겨야 할 공부 때문에 훨씬 더 중요한 것을 놓치고 있는 것은 아닌지 걱정된다. 기본이 바로 서지 않으면 아무리 큰 성과를 이룬다 해도 모래성 위에 지은 집이 될 뿐이다.

좋은 식사 습관을 위해 우리 집만의 새로운 밥상 문화를 만들어보자. 정해진 시간에 식탁에 앉아 짧은 시간이라도 식사 형식을 만드는 것이다. 우선 최소한 TV나 스마트폰을 보지 않는다는 원칙을 세우자. 아이에게 아침 식사 시간을 어떻게 준비하고 싶은지도 물어보면 좋겠다. 아이가 책을 보며 밥을 먹는 것 정도는 허용해도 된다. 개인의 개성과 취향도 어느 정도 인정하는 게 필요하다. 음악이나 동화책 CD를 듣는 것도 좋다. 아빠의 도움을 받을 수 있다면 식탁에 앉아 아이가 들으면 도움이 되는 새 소식을 전해주는 것도 좋다. 아무리 바빠도 귀는 열려 있으니 들을 수 있는 것을 개발하자.

이렇게 아이가 원하는 메뉴를 준비하고 식사 시간도 정했지만 밥알만 세고 있는 아이라면 어떻게 하면 좋을까? 식사 전에 잠깐 맨손체조라도 하면 도움이 된다. 물을 마시고 조금만 움직여도 아이들은 배가 고파진다. 잠이 덜 깬 상태에서 바로 식탁에 앉지 말고 몸을 좀 움직이게 하자. 전날 미리 아이와 아침밥에 대해 협상했다면 성공 확률이 매우 높아질 것이다.

이 닦고 세수하기

밥을 다 먹은 아이는 이제 이를 닦고 세수해야 한다. 혹시 아이가 세수하러 들어가서 꽤 긴 시간을 허비하는가? 아이가 종종 이런 행동을 한다면 아이에게 그 시간이 어떤 의미인지 잠깐 생각해 보자. 아침에 눈을 떠서 유치원이나 학교에 가기 위해 준비하는 시간은 30분 남짓이다. 그런데 그중에 꽤 긴 시간을 화장실에서 보낸다. 왜일까? 씻는 데 오래 걸리는 것이 아니라 물에 손을 넣고 물방울이나 튀기면서 멍하니 서 있지 않은가? 잠이 덜 깨서는 아니다. 아직 아이는 반복되는 일상의 활동을 왜 해야 하는지 모른다. 엄마는 무척 바쁜 것 같고, 자신이 유치원이나 학교에 가야 하는 건 알지만 왜 가야 하는지는 모를 수 있다. 자신은 여전히 편안한 집에서 그냥 엄마랑 즐겁게 지내고 싶을 뿐인데 억지로 가야 하는 것이 마음이 들지 않는다. 그래서 그렇게 멍하니 시간을 보낸다.

아이가 세수하러 들어가서 시간이 오래 걸리는 또 다른 이유는 엄마의 잔소리에서 벗어난 공간에서 잠시라도 마음대로 장난치거나 다른 생각을 할 수 있기 때문일 수도 있다. 세수하러 들어간 지 한참 된 아이가 10분이 넘도록 나오지 않고 물장난만 하고 있다면 아이는 어쩌면 그 짧은 시간 동안 누릴 수 있는 자유를 갈망하는지도 모른다. 물장난치면서 공상에 잠기며 오늘 하루 동안의 에너지를 끌어올리고 있는지도 모른다. 한마디로 에너지 충전 중이다. 그러니 이것을 방해하기보다는 언제 충전이 끝나는지 물어보는 것이 맞다. 화장실에도 시계가 있으면 좀 낫다. 나와야 할 시간을 알려주면 되니 말이다.

시간을 줄이고 싶다면 영화의 한 장면처럼 아이와 즐겁게 이를 닦아보자. 아이들은 따라 하기 대장이다. 아무리 이 닦는 법을 가르쳐주어도 혼자 하라고 하면 재미를 못 느낀다. 엄마는 아이를 준비시키는 사람이 아니라 아이와 함께 아침을 준비하는 사람이다. 아이가 밥 먹을 때 함께 먹고, 이 닦을 때 함께 닦으면 어떨까? 밥 먹고 식탁 치우느라 아이에게 소리만 지르고 있다면 조금 다르게 해보기 바란다. 아이가 가고 난 다음 식탁을 치워도 되지 않을까? 일의 순서가 바뀜으로써 엄마를 괴롭히던 아이의 일과가 수월해진다면 순서 조금 바꾸는 게 뭐 그리 대수일까? 한 가지만 같이 해주어도 다음 일은 쉽다. 함께 이를 닦고 나면 세수는 한 번에 뚝딱 끝내기도 한다.

아침에 옷을 입는 데 한참 걸리는 아이는 자신이 입고 싶은 옷을 입는 것이 아니라 엄마가 정해준 옷을 입는 아이들이다. 전날 미리 다음 날 입을 옷을 정해서 세팅해두자. 연예인만 옷을 코디하는 것이 아니다. 아이도 나름 자신의 패션에 무척 신경을 쓴다. 친구에게 예쁘게 보이고 싶은 마음은 누구나 똑같다. 미리 정해두기만 한다면 옷 입는 시간은 확 줄어든다. 아이가 거울 앞에서 자신의 맵시를 뽐내는 모습은 정말 사랑스럽다. 아이에게 아침이 행복해야 하는 이유는 그렇게 맵시를 부린 자신의 외모 또한 하루 생활에서 무척 큰 활력소가 되기 때문이다. 마음에 드는 옷을 입었을 때 아이의 마음은 이렇다.

새 신을 신고 뛰어보자 팔짝! 머리가 하늘까지 닿겠네
새 신을 신고 달려보자 휙휙! 단숨에 높은 산도 넘겠네

동요에서는 새 신을 신은 이야기만 했지만 마음에 드는 옷을 입은 아이는 옷에 날개가 달린 듯 신나게 학교로 달려간다. 새 옷보다 더 좋은 것은 마음에 드는 옷이다. 아이에게 저녁마다 다음 날 입을 옷을 코디해 옷걸이에 걸어두게 하면 아침 시간의 작은 행복이 될 수 있다.

아침 시간 1분이 얼마나 급박한데 아이에게 물어보고 자시고 할 시간이 어딨느냐고 따지고 싶은 마음도 충분히 공감한다. 하지만 아침마다 전쟁을 치르는 현재 상황을 바꾸고 싶다면 미리 물어보기만 해도 된다. 아이를 깨울 때 "오늘의 아침 메뉴는~" 하고 미리 말해주는 것도 좋다. 기분 좋게 "공주님, 혹시 아침 식사에 필요하신 것 있나요?"라며 한껏 추켜세우는 것도 좋다. 아침부터 왕자님,

공주님 같은 대접을 받는다면 아이의 아침은 훨씬 우아해진다.

초등학생이라면 어린이집 등원부터 시작된 몇 년간의 경험으로 엄마의 방식에 익숙해져 있다. 억지로 먹게 하고 옷도 정해서 입으라고 하는 엄마에 대응하는 나름의 방법도 발전시키고 있다. 어떤 아이는 엄마가 시키는 대로 하기만 해서 이제는 매사에 엄마에게 질문한다.

"엄마 옷 뭐 입어요? 화장실 갔다 와도 돼요?"

아이가 커갈수록 한 해 한 해 나아지는 재미가 있어야 하는데 갈수록 더 심해진다고 생각되면, 그야말로 악순환에서 헤매는 상황이다. 다시 선순환의 구조로 바꾸어 하루하루 아이가 커간다고 느낄 수 있어야 한다. 엄마와 아이의 행복한 아침은 단순히 엄마만을 위한 일이 아니다. 바로 우리 아이가 잘 성장하는 하루의 첫 단추다. 첫 단추를 어떻게 끼우는가에 따라 아이의 하루가 결정된다. 이 하루하루가 모여 아이의 인생을 만든다.

05

행복한 아침 시간을 위한
세 가지 원칙

 원칙 ❶
우리 집만의 식사 전통을 만들자

밥상머리 교육의 중요성이 다시 이야기되자 많은 부모가 아침 밥상에서 아이를 교육하려 애썼다. 그런데 '교육'이라는 이름 때문인지 또다시 훈계와 설교로 그 시간을 채운다. 아이들은 아무것도 배우지 못한 채 불만만 쌓여간다. 귀중한 아침 식사 시간이 짜증나는 시간이 되어서는 안 된다. 아이 입장에서 의미 있고 재미도 있어야 한다. 기본적인 식사 예절도 한번 점검해보면 좋겠다. 시간이 잘 나지 않는다면 평일이 아닌 주말에라도 함께 식사하는 시간을 가져보자. 아이에게 오늘 하루 기대하는 일은 무엇인지, 마음에 부담되는 일은 없는지 질문하는 것으로도 충분하다.

- 어제 있었던 아이의 행동 칭찬하기
- 걱정되는 점에 대해 서로 다양한 의견 제시하기
- "어떻게 하면 좋을까?"라고 의견 질문하기
- 아이가 웃을 수 있는 유머 준비하기
- 수수께끼나 퀴즈, 재미있는 세상 소식을 들려주고 이에 대한 생각을 나누기
- 아이의 말과 행동에 지지하고 격려하고 공감하기
- 모든 대화에서 엄마의 전문용어 사용하기

 원칙 ❷
거울 보며 자신에게 칭찬하기, 다짐하기

아침마다 거울을 보며 무슨 말을 하는가? "넌 왜 이렇게 못생겼니?", "넌 왜 이렇게 이상하니?" 이런 말이라면 지금 당장 멈추어야 한다. 나도 모르게 자신에게 무심코 하는 말은 그대로 예언 효과를 가져온다. 자기 자신을 스스로 비난하는데 누가 나를 존중하고 아껴주겠는가? 거울을 보며 나를 칭찬하자.

"참 멋지구나. 오늘도 잘할 거야. 좋은 일이 생길 거야."

이렇게 말해주어야 한다. 엄마가 시작하면 아이도 저절로 따라 한다. 엄마는 하지 않으면서 아이에게 시키기만 하면 별로 효과가 없다. 아이들은 직접 보고 경험해야 더 잘 배운다. 엄마를 흉내 내

며 아침에 기분 좋게 스스로 칭찬하고 집을 나선 아이들은 하루 종일 즐겁고 의미 있는 하루를 만들어간다. 이렇게 자신에게 해주는 좋은 말을 자기충족적 예언이라 한다. 자신이 바라는 미래의 모습을 현재형으로 언어화해서 선언하는 것을 말한다. 심리학자들은 자기충족적 예언을 하면 자신의 바람대로 이루어질 확률이 매우 높아진다고 강조한다. 자신의 꿈을 언어화하여 마음속에 반복하여 되새기면 언젠가는 그것이 이루어진다는 의미다.

- 나는 정직한 사람이다.
- 나는 언제나 밝게 웃는다.
- 나는 용기 있게 말할 줄 아는 사람이다.

심리적으로 자신이 이루고자 하는 일을 깊이 생각하면 그것이 잠재의식이 되어 알게 모르게 그 방향으로 나아가게 한다. 다음 표에서 아이에게 마음에 드는 말을 골라보라고 하자. 거울 속의 자신을 보며 한 번씩 읽기만 해도 좋다. 그리고 빈칸을 더 채워나가자. 이것은 자신을 격려하는 가장 좋은 방법이다. 아침마다 자기충족적 예언을 하면 아이의 하루는 훨씬 더 좋아진다. '정직하고 용기 있는 나'라면 각각의 상황에서 어떻게 할지 전혀 다른 생각이 떠오를 수 있다. 아이가 큰소리로 자기충족적 예언을 외치기를 바란다.

나는 이런 사람이다

나는 호기심이 많다.

나는 궁금한 것은 꼭 찾아본다.

나는 세계가 필요로 하는 사람이다.

나는 내 인생의 주인공이다.

나는 할 수 있다.

나는 목표가 있디.

나는 무엇이든 끝까지 열심히 한다.

나는 언제나 밝게 웃는다.

나는 할 일을 찾아서 한다.

나는 참을성이 있다.

나는

나는

나는

나는

나는

TV와 스마트폰은 가능한 한 멀리하자

식사 시간뿐 아니라 어떤 시간에도 아이에게 TV나 스마트폰을 쥐여주면 잠깐 일이 수월하게 느껴지기도 한다. 아이가 엄마에게 매달리지 않으니 어쩌면 엄마 일을 더 도와주는 것 같은 느낌이 들기도 한다. 하지만 절대 그렇지 않다. 거기에 정신이 팔린 아이는 이제 더 준비할 생각을 하지 않게 된다. 그렇게 한두 번 보는 것을 허용하다 보면 아이는 이제 당당하게 요구하기 시작하고 이는 바쁜 아침 시간에 엄마와 아이가 실랑이하는 원인이 되기도 한다.

지금까지 이런 습관을 지니고 있었다면 아이와 다시 한번 협상하기 바란다. 이제부터는 아침에 TV를 켜지 않고 스마트폰 보는 일은 삼가겠다고 말이다. 그동안 엄마가 바빠서 허용해주었는데 교육적으로 아무런 도움이 되지 않을 뿐 아니라 더 나쁜 습관만 들고, 아침 시간을 오히려 방해하고 있었음을 알려주자.

정해진 규칙을 엄마 아빠가 먼저 깨는 일은 없기를 바란다. 아이가 TV를 켜달라거나 스마트폰으로 동영상을 보겠다며 떼를 쓰면, 볼 수 없음을 담담하게 말해주자. 울고 소리 지르면 실컷 울라고 말해주는 것이 더 좋다.

물론, 타인에게 방해되는 상황이라면 사람이 없는 곳으로 옮겨가는 것이 좋다. "속상하지. 실컷 울어." 이렇게 마음은 다독여 주자. 하지만, 규칙은 단단하게 지켜야 한다. "하지만, 아무리 울어도 동영상은 못 봐."라는 말을 천천히 담담한 목소리로 해주는 것이 좋다. 그러면 아이의 떼쓰기가 줄어든다. 그래도 아이의 떼가 줄어 들지 않는 이유는 분명 엄마 아빠의 필요 때문에 먼저 규칙을 깬 경험이 있기 때문이다. 특히 이 원칙을 잘 지키기를 바란다.

오전:
온라인 수업과 학교생활을 잘 할 수 있게
도와주세요

온라인 수업 잘하는 방법

앞으로 한동안 온라인 수업을 피하기 어려운 상황이 지속될 것 같다. 어쩔 수 없이 우리 아이는 보다 효과적으로 온라인 수업을 들을 수 있는 능력을 갖추어야 한다. 그러기 위해서는 온라인 수업에 대한 부모와 아이의 개념이 먼저 정리가 되어야 한다.

'책상 앞에 앉아 컴퓨터 화면을 본다'는 사실이 아이들에게는 게임하기, 동영상 보기와 비슷하게 느껴진다. 똑같이 컴퓨터 화면을 통한 것이기 때문이다. 이렇게 느껴지다보니 온라인 수업도 영화 보듯이 간식을 먹으면서 봐도 될 것 같고, 자세가 비뚤어져도 괜찮다고 여기기도 한다. 무엇보다 선생님이 직접 자신을 지켜보는 것이 아니기에 집중하지 않고 대충해도 된다는 막연한 생각을 가지기 쉽다.

그러니 우리 아이가 온라인 학습을 잘하기 위해서는 수업에 대한 개념과 준비사항, 그리고 수업받는 방법에 대해 확실히 인식할 수 있도록 이야기해 주어야 한다. 온라인 수업은 학교와 똑같은 수업임을 아이가 깨달을 때까지 여러 번 설명해 주어도 좋다. 만약 이런 준비가 없다면 온라인 수업을 듣는 아이의 태도는 흐트러질 수밖에 없다. 다음의 사례에서 무엇이 문제인지 분석해 보자.

"3학년 아들이에요. 온라인 수업 들을 때마다 아이나 저나 스트레스가 극에 달해요. 아이는 수업을 듣는 게 싫다며 짜증만 내고 있어요. 억지로 시키면 제대로 하지 않고 꼭 뭔가를 빼먹곤 해요. 글씨도 내용도 하나하나 챙기고 검사하는 게 너무 힘이 들어요. 정말 포기하고 싶어요. 학습꾸러미도 점점 많아지고, 겨우 달래서 주말에 간신히 빠진 부분들을 챙겨주고 있어요. 애가 안 하고 싶다는데 방법이 없네요. 어떻게 해야 엄마가 챙기지 않아도 스스로 온라인 수업을 잘 들을 수 있을까요?"

이 아이는 학교에서는 이런 모습이 아니었다고 한다. 그렇다면 분명 집에서 하는 온라인 수업에 대한 개념과 집이라는 환경이 아이를 흐트러지게 만들었을 것이다. 다음 세 가지 사항을 아이와 이야기하고 도와주는 것이 필요하다.

❶ 온라인 수업 개념	온라인 학습은 학교 수업과 똑같다. 교실에 선생님이 앞에 계신 것으로 생각하고 행동해야 한다.
❷ 준비물	각 수업에 필요한 교과서와 공책과 필기도구, 준비물을 미리 준비한다. 온라인 수업을 할 때 제공되는 프린트도 미리 출력해서 준비해 주자. 특히 연필을 손에 쥐고 수업을 듣게 하는 것이 집중하는 데 큰 도움을 준다.
❸ 온라인 수업 방법	'영상의 지시 내용을 듣고 수행하기', '질문에 답하기'를 잘하면서 수업 진도를 잘 따라가야 한다.

특히 강조하고 싶은 부분은 듣기 집중력이다. 지시를 듣고 수행하는 이 과정을 잘 따라가지 못하면 계속 딴짓하게 된다. 그래서 많은 아이가 빼먹고 제대로 수행하지 못하는 것이다. 이럴 땐 혼내기보다 잘 들을 수 있을 때까지 중간에서 지시사항을 한 번씩 전달하며 아이가 스스로 잘 듣고 집중할 수 있도록 도와주어야 한다.

"잘 들어봐. 뭐라고 했지? 들은 대로 해 보자. 잘했어."

이런 과정을 거쳐 아이가 혼자서도 듣고 집중해서 수행할 수 있을 때까지 연습해야 한다. 엄마가 도와주어야 할 부분도 있다. 아이의 좋은 행동의 절반은 물리적·정서적 환경요인에 좌우된다. 온라인 수업에 도움이 되는 환경을 제공해 주자.

❶ 환경 정리	학교 책상처럼 말끔히 정리하자. 책상에 아이가 좋아하는 다양한 물건들이 있을 경우 아이의 눈길을 끌어 집중에 방해가 된다. 아이와 협의하여 눈에 보이지 않게 옮기는 것이 중요하다.
❷ 환경 개선	파일 박스 두 개를 책상 위에 마련해 두자. 오늘 수업할 교과서는 왼쪽에 꽂아두었다가 수업이 끝나면 오른쪽 박스로 옮겨 두는 것이다. 마치 사무용 선반으로 '미결'과 '기결' 서류를 구분하는 것과 비슷한 방식이다. 아이들은 눈으로 보이는 것으로 느끼고 생각하게 된다. 수업을 끝낸 자료가 한쪽에 쌓이는 걸 보는 것 만으로도 아이는 뿌듯함을 느끼고 끝까지 잘해내고 싶어질 것이다. 잘 해내고 싶은 동기가 발생하는 것이다.
❸ 긍적적 피드백	수업 후의 긍정적 피드백이 가장 중요하다. 온라인 수업 후 아이가 힘들었음에도 열심히 한 점이나 아이의 강점을 칭찬해 주자. 이런 대화가 다음 수업을 더 열심히 잘 듣도록 하는 원동력이 된다.

아직 혼자 할 수 있는 힘이 부족한 아이는 아무리 다그쳐봐야 소용없다. 밀려서 주말에 하는 것도 충분히 기특한 점이다. 주말에 엄마 아빠와 함께 숙제할 수 있다면, 그 경험이 어느 정도 쌓인다면 혼자 수업 듣는 것도 조금씩 익숙해질 것이다. 그러니 힘겨워하는 아이의 마음을 다독여주고, 힘들어도 계속하려는 긍정적 의도를 칭찬해 주자. 자기 마음속에서 열심히 잘하고 싶은 내적 동기를 발견할 때 아이의 바람직한 행동은 점점 더 발전하게 됨을 기억하자.

02

아이가 스마트폰과
게임에 집착한다면

"스마트폰 그만하고 빨리 엄마한테 줘"라고 말했을 때 어떤 아이가 엄마 말을 더 잘 들을까?

- 스마트폰을 계속하고 싶은 아이
- 엄마가 무섭고 화내는 게 싫은 아이
- 스마트폰을 안 해도 괜찮은 아이

스마트폰을 너무 하고 싶은 아이는 이런저런 핑계를 대며 계속할 것이다. 엄마가 무서운 아이는 그 순간에는 엄마 말을 듣고 스마트폰하는 것을 멈추겠지만, 머릿속으로는 눈에 보이지 않는 곳에서 몰래 하거나 종일 어떻게 하면 더 많이 할 수 있을지 궁리하고 있을 것이다. 당연히 우리 아이는 스마트폰을 안 해도 되는 정도의 심리적 여유가 있는 아이, 스마트폰을 유용하게 활용할 줄 아는 아이로 키워야 한다.

혹시 지금 우리 아이가 '스마트폰 과의존 상태'인지 알아보려면 다음 세 가지 사항을 점검해 보자.

❶ 현저성	다른 어떤 것보다 스마트폰을 갖고 놀기 좋아하고, 하루에도 수시로 스마트폰을 찾거나 항상 가지고 놀고 싶어 하는 현상이 뚜렷이 나타난다.
❷ 이용 조절력	스마트폰을 목표에 맞게 활용하는 능력이다. 감각적 재미에 빠져 사전에 약속했던 이용 시간을 지키지 못한다면 조절력이 부족하다는 의미다.
❸ 문제적 결과	전보다 짜증을 많이 내고, 활동적으로 움직이거나 자신이 해야 하는 일도 제대로 하지 않으면서 스마트폰을 계속 사용하려는 태도다.

이 세 가지는 거의 순서대로 진행된다. 현저성이 나타나기 시작하면 자기 조절력이 떨어지고 서서히 문제적 결과들이 나타난다. 그러니 현저성이 나타나기 전에 미리 조절력을 키우는 것이 가장 바람직하다. 만약 이미 문제적 결과가 나타났다면 좀 더 섬세한 노력과 긴 시간이 필요하다.

초등 1학년 태준이는 어릴 적부터 스마트폰 사용에 노출되었다. 밥을 먹을 때나 떼쓰고 울 때 부모는 태준이를 가만히 앉히거나 달래주기 위해 스마트폰을 태준이 손에 자꾸 쥐어줬기 때문이다. 그렇게 시간이 흐르고 어느덧 7살이 된 태준이는 전보다 더 산만하고 충동적인 아이로 변해 있었다. 짜증과 화내기, 떼쓰기와 던지기 등의 문제 행동이 더 심해진 것이다. 이런 태준이를 좋은 방향으로 변화시키기 위해서는 많은 노력과 시간이 필요했다.

- 엄마 아빠는 아이가 보는 앞에서는 절대 스마트폰을 사용하지 않았다.
- 엄마는 2G폰을 하나 더 장만해 통화용으로 사용하였다.
- 정서적 안정감을 위해 스마트폰 없이도 엄마 아빠와 즐겁게 노는 시간을 만들었다.
- 아이 스스로 해야 할 일을 해낼 수 있게 하여 뿌듯함을 느끼게 했다. 그러자 조금씩 문제 행동이 줄어들기 시작했다.

이 과정을 거치는 것이 말처럼 쉽지만은 않다. 미디어가 아이를 끄는 힘은 너무 강력하기 때문이다. 그러니 태준이처럼 어려운 과정을 거치기 전에 미리 스마트폰 조절력을 키우도록 도와주어야 한다.

아이는 부모와는 전혀 다른 스마트한 세상에서 살아갈 것이다. 이런 상황에서 무조건 스마트폰을 못 하게 막는 건 전혀 바람직하지 않다. 보다 지혜롭게 사용할 줄 아는 아이로 키워야 한다. 그러기 위해 어떤 방법과 엄마의 말이 필요한지 알아보자.

스마트폰 조절력을 키우는 대화와 방법

부모가 목적이 있을 때만 스마트폰을 사용하는 모습을 보여주자.

궁금한 걸 알아보기 위해, 사전을 찾기 위해, 도움되는 영상을 보기 위해서 등 스마트폰을 사용하는 진정한 의미를 가르치는 것이다. 아이의 정서와 인지발달에 도움되는 어플을 찾아 아이가 활용할 수 있게 도와주는 것도 좋다.

10분만 해"는 사실 적절한 표현이 아니다.

10분을 주면 9분이 되었을 때 아이는 1분이 아까워 영상 한 개를 더 보다 결국 시간을 넘기게 된다. 그러면 엄마는 아이가 시간을 지키지 않는다고 화를 낸다. 그야말로 악순환이다. 그렇다고 아이가 약속 시간이 다 돼가기 전에 미리 멈추기를 바라는 건 무리다. 그럴 수 있는 아이는 거의 없다. 아이에게는 'OO를 찾아보기', '게임 1판', '동영상 1개' 등 구체적 수량으로 표현하는 것이 더 적절하다. 이렇게 미리 정해야 아이도 행동 기준이 생기고 바로 그 지점부터 아이에게 조절력이 생겨나기 시작한다.

이동 중에는 스마트폰을 가방에 넣어두자.

필요할 때만 멈춰서 꺼내 보고 다시 집어넣기를 반복하자. 그리고 그 규칙을 아이에게 알려주어야 한다. 아이 소유의 스마트폰이 생겼을 때 무심코 보여준 부모의 행동이 아이의 안전에 영향을 끼칠 수 있다는 점을 늘 염두에 두자.

아이 스스로 절제하지 못하고 스마트폰을 사용하고 있다면, 아이에게 이렇게 말해보자.

"엄마가 잘 몰라서 실수한 게 있어. 잘 들어봐."

"밥 먹을 때 스마트폰 보면 안 되는 건데 엄마가 허락을 했어. 미안해. 네가 나쁜 습관이 들기 전에 이제 규칙을 바꿀게."

"아침에는 스마트폰 사용하면 안 되는데 엄마가 잘못 생각했어. 미안해. 네 잘못이 아니야. 앞으론 정해진 시간에만 하는 걸로 약속하자."

새로운 규칙에 저항할 때

물론 아이는 저항한다. "아니야. 엄마는 잘못 안 했어"라는 말로 엄마를 회유하기도 하고, 더 보겠다며 떼를 쓰기도 한다. 이때는 새로운 원칙을 더 단단하게 세워야 한다. 무섭게 하라는 말이 아니다. 힘든 마음은 따뜻하게 돌봐주며, 원칙은 단호하게 말해야 한다.

> 👧 "못하게 하는 게 아니야. 약속한 시간에만 사용하도록 하자. 참기 힘들 수 있어. 실컷 울어도 돼. 하지만 아무리 울어도 안 되는 건 안 돼."

약속을 잘 지켰을 때

엄마의 전문용어 5가지를 활용하자. 아이가 스마트폰을 사용하기 전에 "만약 ○○이가 계속 하고 싶다는 마음이 들면 그땐 어떻게 하는 게 좋을까?"라고 미리 물어보자. 엄마가 어찌해야 한다고 설명하는 것보다 아이 스스로 말하는 것이 훨씬 더 효과적이다. 이렇게 물어보면 약속을 어기겠다고 말하는 아이는 거의 없다. 그저 엄마는 아이의 대답에 "그러면 되겠구나" 하고 감탄하며 맞장구쳐주면 충분하다.

아이가 약속을 잘 지켰을 땐, "멋지다! 어떻게 이렇게 약속을 잘 지켰니? 더 하고 싶었을 텐데 참는 힘이 대단하구나"라며 칭찬해주자. 바로 이런 마음이 아이 마음속 긍정적 의도이며, 아이를 성장하게 하는 힘으로 작용한다.

혹시 아이가 약속을 어기더라도 이렇게 말해주자. "네가 약속을 어긴 건 이유가 있을 거야. 말해줄 수 있어?" 어떤 행동도 그 이유가 있음을 믿어주고 대화하면 아이는 다음엔 절대 그러지 않으리라 결심하게 된다.

이처럼 엄마의 전문용어는 아이 마음속에서 일어나는 긍정적인 변화를 행동의 변화로 이끌어 낼 수 있다. 아이가 스마트폰을 지혜롭게 사용하는 디지털 세대로 성장할 수 있도록 곁에서 끊임없이 도와주기 바란다.

03

어린이집과 학교에 가기를
기대하는 아이로

어린이집에 안 가겠다는 아이

승민이 엄마는 아침마다 전쟁이다. 5살 승민이가 아침마다 어린이집에 가지 않겠다며 울고 떼쓰기 때문이다. 억지로 아이를 어린이집에 밀어 넣고 "재미있게 놀다 와. 엄마가 맛있는 간식 해놓을게"라는 선심성 공약만 남발하며 엄마는 우는 아이를 선생님께 맡기고 도망치듯 달려 나온다. 물론 그렇게 들여보내고 난 다음 한참 동안 유리창을 통해 아이가 어떻게 하고 있는지 지켜보면, 한동안 진정하지 못하는 아이의 모습에 속이 상한다.

엄마와 떨어지기 힘들어하는 아이의 마음을 보살필 때 가장 먼저 살펴볼 부분은 엄마와의 안정 애착이 잘 형성되었나 하는 점이다. 안정 애착이 제대로 형성되지 않아 분리불안을 느끼는 것은 아닌지 살펴보자. 엄마와 안정 애착이 잘 형성된 아이는 엄마와 잠시 떨어져도 엄마가 돌아와서 다시 자신을 돌봐주고 사랑해줄 것을 알기에 더 이상 불안하지 않다. 하지만 그렇지 못한 아이는 엄마와 떨어지는 일이 너무 불안하다. 왜 이런 증상이 생겼을까?

첫째, 엄마가 아이와 있을 때의 상호작용 때문이다. 상호작용은 함께 있는 시간의 양보다 어떻게 함께 있는가 하는 질적인 차원에 따라 달라진다. 아이에게 눈을 맞추고 말을 걸어주고 아이의 눈빛에 잘 반응하면 된다. 함께 웃고 마음을 잘 알아수는 엄마의 아이는 엄마와 헤어지고 세상 밖으로 한발 걸어나가는 일에 대해 두려움보다 기대와 용기가 더 커진다.

둘째, 엄마가 아이를 남겨두고 외출하거나 어린이집에 보낼 때의 태도 때문이다. 아이의 울음을 감당하기 어려워 아이 몰래 나가거나 갑자기 사라지는 것은 절대 안 된다. 애착에서 가장 중요한 엄마에 대한 신뢰가 깨지기 때문이다. 아이는 엄마를 절대적으로 자신을 위해주는 사람으로 여기고 거짓말하지 않으리라 믿어 의심치 않았는데, 눈을 떠보니 엄마가 사라졌다. 아이의 심정이 어떨지 짐작해보라. 웬만해서는 용서해주고 싶은 생각이 들지 않는다.

헤어지기 싫어 울고 떼를 써도 아이의 힘든 마음에 함께 머무르자. 헤어지는 아픔의 시간은 아무리 길어도 10~20분 정도다. 아이가 보는 앞에서 이별하는 것이 낫다. 엄마가 가는 모습을 보아야 돌아왔을 때 그것에 감사한다. 울어도 아이가 보는 앞에서 헤어지고 다시 돌아오기를 반복하다 보면 아이는 서서히 엄마에 대한 신뢰를 형성한다. 그러지 않고 몰래 사라지기를 계속하면 아이의 분리불안은 더욱 커질 뿐이다. 크게 살펴보면 이 두 가지가 아이의 마음에 가장 큰 영향을 미친다.

세 번째는 엄마와의 관계의 문제가 아니라 어린이집이나 유치원, 학교에서 아이의 마음으로 감당하기 어려운 문제가 있는 경우다. 아이들은 아주 작은 일에 미묘한 마음의 변화를 일으킨다. 유치원에 들어서는 순간, 아무도 자신을 향해 웃어주지 않거나 아는 척을 하지 않으면 들어가기 싫은 마음이 생겨버린다. 이때 아이가 "아무도 인사하지 않아서 들어가기 싫어졌어요"라고 말해주면 얼마나 좋을까? 하지만 대부분 아이는 이런 말을 하지 않는다. 마음에서 왠지 모를 거부감이 느껴지는 순간 아이가 하는 말은 "안 가. 가기 싫어. 엄마 가지 마! 집에 갈래" 하는 울음뿐이다. 엄마가 이유를 물어도 "그냥"이라는 말만 반복한다.

이럴 때는 잠시 아이를 데리고 조용한 공간으로 옮겨가자. 유치원 입구, 학교 정문 앞이 아니라 잠시 몇 걸음만 옆으로 옮겨도 된다. 혹은 아이와 미리 집에서 이야기를 나누는 것도 좋다. 부드럽게 아이를 보듬고 눈을 바라보며 엄마의 전문용어로 질문하자.

"유치원에 들어가기 싫은 이유가 있을 것 같아. 왜 그런지 이유를 말해줄 수 있어?"

아이들의 이유는 어떨 때는 너무나도 사소하다. 전날 급식을 먹을 때 선생님이 자신이 싫어하는 당근 볶음을 억지로 먹게 했기에, 좋아하는 친구가 자신의 말에 대답하지 않았기에, 친구가 밀쳐서 선생님께 말했는데 선생님이 별일 아니라고 말해서 등 어른으로서는 사소하기 그지없는 일이 아이의 마음에는 전혀 그렇지 않기도 하다. 그 불편한 점 하나 때문에 아예 유치원에 가기 싫은 마음이 든다. 이런 아이에게 훈계와 설교는 별 소용이 없다. 아이의 마음을 보살펴야 한다.

유아의 마음을 보살피는 특별한 방법

걱정 인형을 만들자

걱정 인형은 옛 마야 문명의 발상지인 중부 아메리카의 과테말라에서 오래전부터 전해오는 인형이다. 아이가 걱정이나 두려움으로 잠들지 못할 때 부모가 작은 인형을 만들어 아이에게 선물한다. 인형에게 자신의 걱정을 말하고 베개 밑에 넣어두면 아이가 잠든 사이 부모는 베개 속의 걱정 인형을 치워버린다. 그리고 아이가 잠에서 깨면 걱정은 인형이 가져가 버렸다고 말해준다. 아이는 인형이 자신의 걱정과 함께 사라졌다는 사실을 믿는다. 상상의 놀이지만 그 상징성은 유아기의 아이에게는 매우 큰 효과가 있다. 마음속의 걱정과 불안을 구체적 형상인 인형으로 만들어 인형에 자신의 걱정을 전해주고 그 인형이 사라지는 과정이다.

걱정 인형을 어떻게 만들지 걱정하지 않아도 괜찮다. 간단한 인형이면 된다. 종이 상자나 포장지 같은 부피감 있는 종이를 오려 눈, 코, 입만 그려도 인형이 된다. 조금 더 정성 들여 만들고 싶다면 천을 두르거나 실로 감아 모양을 낸다. 머리카락을 표현해주면 더 멋있어진다.

엄마의 분신 같은 마스코트가 필요하다

아이와 함께 그림책 《뽀뽀손》(오드리 펜 글, 루스 하퍼&낸시 리크 그림, 사파리, 2007)을 읽어보자. 숲 속 학교가 개학했지만 엄마랑 떨어져서 학교에 가기가 두려운 체스터에게 엄마는 엄마의 사랑을 전해주는 뽀뽀손을 만들어준다. 체스터의 손바닥에 엄마가 사랑을 담아 뽀뽀를 하면 뽀뽀손이 만들어지는 것이다. 학교에서 엄마가 보고 싶어지면 손바닥을 뺨에 대고 "엄마는 나를 사랑해"라는 주문을 외우라 가르쳐 준다. 이제 아이는 엄마의 뽀뽀손으로 용기를 내어 학교로 갈 수 있게 된다. 뽀뽀손을 만들어주는 엄마의 말과 행동이 아이에게 두려움에서 벗어나 새로운 세상으로 나아가게 하는 원동력이 된 것이다.

《요셉의 낡고 작은 오버코트가》(심스 태백 지음, 베틀북, 2000)를 읽고 응용해보는 것도 좋겠다. 요셉은 자신이 아끼던 오버코트가 낡고 작아지자 버릴까 말까 고민하다가 좋은 아이디어를 떠올린다. 코트를 잘라 조끼로 만드는 것이다. 다시 그 조끼가 낡자 이번에도 버리지 않고 목도리로 만든다. 이렇게 자신이 아끼던 옷이 점점 작은 것으로 변화하더니 결국에는 단추가 된다. 이 단추 하나에 오버코트의 추억이 고스란히 담겨 있다.

바로 이런 느낌이다. 꼭 엄마와 함께 있지 않아도 엄마와 함께 있는 것 같은 느낌이 필요하다. 그림책 속의 이야기처럼 아이가 엄마 냄새가 난다고 좋아하던 어릴 적 이불을 조금 잘라 작은 손수건으로 만들거나 코사지로 만들어 달고 다녀도 좋겠다. '엄마 속에 너 있고, 네 속에 엄마 있다'는 것을 확인시켜주는 효과적인 활동이다. 엄마의 분신 같은 마스코트가 아이의 마음을 단단하게 지켜준다.

선생님과 친구에게 미리 도움 청하기

유치원 앞에서 엄마와 떨어지지 않겠다고 울던 아이가 친구가 와서 손을 잡아주니 갑자기 울음을 멈추고 친구를 따라 들어간다. 엄마에게 마구 매달려 있던 아이가 갑자기 엄마를 밀치고 아무 일 없다는 듯 빠이빠이 하고서는 언제 울었느냐는 표정이다. 이것은 순전히 친구의 힘이다.

자라는 아이에게 친구란 참 신기한 존재다. 아이가 울고 웃는 이유 중 아주 큰 부분을 차지한다. 아이가 엄마와 떨어지기 어려워한다면 미리 친구의 도움을 요청하자. 유치원 버스에서 아이가 좋아하는 친구를 만날 수 있게 작전을 짜거나, 선생님에게 부탁해서 유치원에서 친구와 만나 들어가는 방법을 계획한다. 어떤 식으로든 선생님과 친구의 힘을 빌리는 방법을 의논하면 생각보다 수월하게 아이가 유치원에 가기를 즐거워하기 시작한다.

학교에 가지 않으려는 아이

초등학생이 되고서 학교에 가지 않겠다고 말하는 아이가 늘고 있다. 한두 번 정도야 가기 싫다는 투정으로 듣고 달래서 보낸다 해도 횟수가 점점 늘어난다면 곰곰이 생각해봐야 한다.

민지 엄마는 초등학생인 민지 때문에 걱정이다. 엄마는 아침마다 학교 준비물과 숙제를 챙기고 억지로 밥 한술을 떠먹이고는 아이가 어서 학교에 가기를 바란다. 그런데 아이는 학교 가는 일에 영 시큰둥하다. "학교 안 가면 안 돼요?"라고 묻는 표정이 마치 엄마를 위해 학교에 다니는 것 같은 느낌이다. 너를 위해서, 네가 훌륭한 사람이 되기 위해 학교에 다니는 것이라고 아무리 말해도 소용없다. 엄마의 아침은 늘 전쟁통이다.

우선 엄마가 자신에게 질문해보자. 우리 아이는 왜 학교에 가지 않으려 할까? 짐작되는 답이 있는가? 마음에 짚이는 데가 있든 없든 이번에는 아이에게 물어보자.

유아가 유치원에 가지 않겠다는 행동과 초등학생이 학교에 가지 않겠다고 말하는 것은 무게감이 확연히 다르다. 국가에서 의무로 정해놓을 만큼 학교에 다니는 일은 중요하다. 그런데 아이가 학교에 안 가겠다고 말하는 순간 부모의 마음은 온통 걱정과 불안으로 휩싸인다. 그래서 왜 학교에 가야 하는지에 대해 당위성만 강조하고 설득하고 윽박지른다. 억지로 학교로 밀어 넣기는 하지만 아이의 마음에는 변화가 생기지 않는다.

아이가 학교에 가지 않겠다고 하는 이유를 살펴보는 일이 더 중요하다. 이유를 알아보는 일을 회피하고 싶은 생각이 들 수도 있다. 엄마가 감당하지 못할까 봐 걱정되기 때문이다. 미리 겁먹지 말자. 생각보다 사소한 문제인 경우가 훨씬 더 많다. 조금 감당하기 어려운 문제라 해도 이유를 정확하게 아는 것이 중요하다. 초등학생 때 잘 이해하고 대응하지 않으면 그 문제가 아이의 마음속에서 점점 커져 중학생 정도가 되면 정말 부모가 감당하기 어려운 문제로 심각해질 수 있다.

실제로 초등학생이 학교에 가지 않겠다고 한다면, 유아의 고민과 별로 다르지 않을 수도 있다는 점을 잊지 말자. 초등학생 아이는 여전히 친구와 선생님의 눈빛이나 말 한마디에 아주 큰 영향을 받는다. 게다가 숙제와 공부라는 무거운 과제도 있다. 숙제를 제대로 못 했을 때나 공부와 시험에 대한 부담감이 커지는 날 아이는 아예 학교에 가고 싶지 않다. 그러니 학교에 가기 싫은 이유가 분명히 있다는 점을 믿어주자. 이유가 무엇이든 간에 아이의 잘못을 지적하기보다는 그럴 수밖에 없는 힘든 마음을 공감해주고 다독여주는 일이 가장 중요하다.

04

초등학생의 마음을 보살피는
특별한 방법

온라인 학습하기 싫다는 아이, 학교에 가지 않겠다고 버티는 아이, 친구들이 자기만 괴롭힌다고 말하는 아이, 선생님이 나만 미워해서 잘못하지도 않았는데 자기만 혼낸다며 가지 않겠다는 아이는 실제로 마음속에 큰 걱정거리가 있다. 걱정거리가 있는데 엄마가 몰라주고 괜찮다고만 하면 아이는 엄마가 더 원망스럽다.

괜찮다는 말은 허락과 용서의 주체가 말해줄 때 효과가 있다. 엄마가 아끼는 컵을 깨뜨렸을 때 엄마가 괜찮다고 말해주면 안심되고 미안하고 감사한 마음이 든다. 아빠의 옷에 주스를 쏟았을 때 아빠가 괜찮다고 말해주면 고맙고 다음엔 조심해야겠다 다짐하게 된다. 하지만 시험을 못 봤는데 엄마가 괜찮다고 말해주면, 그렇게 말해준 것에 대해서는 안심되고 감사하지만, 절대 괜찮지가 않다.

자신도 잘하고 싶었기 때문이다. 자신은 학교에서 괴로운 시간을 보내야 하는데 엄마는 괜찮다고 말하고 있으면 답답하고 막막하기만 하다. 자기 마음을 몰라주는 엄마에게 더 화가 날 수도 있다. 별 생각 없이 사용하는 안심시키는 말이 아이에게 적절하지 않은 경우가 더 많다.

엄마의 전문용어 "힘들었구나"를 사용하자.

"얼마나 힘드니. 그럴 정도로 마음이 힘들었구나."

엄마가 아이와 하나 된 마음으로 공감해주어야 아이가 진정되기 시작한다. 마음이 힘든 아이는 공감해주는 일이 가장 우선이다. 초등학생이 되면 엄마가 하는 말의 내용이 아이에게 큰 영향을 미친다. 아이의 마음을 충분히 이해하고 함께 안타까워하고 있음을 꼭 말로 표현하자.

심호흡으로 몸과 마음을 안정시키기

불안감을 느끼면 몸에도 변화가 생긴다. 두뇌의 전전두엽에서 정상적인 기능이 느려져 논리적 판단력이 흐려진다. 이런 아이에게는 공감 이외의 말은 별 효과가 없다. 문제를 해결하는 방법을 말로만 설명하면 받아들이지 않는다.

두려움이 큰 아이에게 신체적 활동은 안정감을 찾는 데 큰 도움이 된다. 아이와 편안하게 정좌하고 앉아 두손을 잡아보자. 엄마와 아이가 장단을 맞춰 심호흡을 해보자. 숨을 깊게 들이마신 뒤 잠시 멈추고 다시 길게 내뱉는 호흡은 마음을 진정시키는 데 큰 효과가 있다. 그런 다음 아이와 다시 이야기를 나누자. 무엇이 제일 걱정되는지, 어떻게 하고 싶은지 말이다. 엄마의 전문용어는 준비된 환경에서 훨씬 더 큰 효과를 가져온다.

아이가 뾰족한 물건에 긁혀서 피가 나면 대뜸 반창고부터 발라주는 엄마는 없다. 피를 닦아내고 소독을 한 다음 약을 바른다. 약이 잘 흡수되고 상처가 보호받을 수 있도록 밴드를 붙이는 것으로 미무리한다. 힘께 마주 앉아 잠시 숨을 고르는 일은 바로 이런 역할이다. 상처를 닦아내고 소독하는 일이다. 바쁜 시간에 아이와 앉아서 심호흡할 틈이 어디 있느냐 싶겠지만 마음 먹기가 어렵지 실제로는 전혀 어렵지 않다. 1분이면 충분하다. 1분을 투자해서 아이의 마음이 진정되고 다시 학교에 갈 마음이 생긴다면 심리치료사의 1시간만큼이나 효과가 있는 것이다. 꼭 해보기 바란다.

감정의 기능과 에너지에 대해 가르치기

걱정과 두려움을 포함한 불편한 감정에도 좋은 점이 있다. 불편한 감정의 좋은 점에 대해 평소 아이와 이야기를 나누어보자. 걱정스러운 마음이 드는 것은 감정이 우리 자신을 보호하기 위해 경고를 보내는 것이다. 자기 자신을 위한 보호시스템이다. 위험한 상황에 빠지지 않도록 경고의 신호를 보내는데 그것이 바로 불안감이나 걱정, 두려움이라는 감정이다.

아이가 걱정을 하는 데는 그럴 만한 이유가 있음을 설명해주어야 한다. 엄마의 전문용어 "이유가 있을 거야"가 바로 여기에 해당한다. 네가 그렇게 느끼는 데는 이유가 있고, 그 이유를 차근차근 찾아가다 보면 감정이 나에게 주는 중요한 신호와 정보를 알아차릴 수 있다고 알려준다. "조심해. 잘 생각해. 멈추는 게 좋아"라고 말해주고 있음을.

아이에게 걱정의 장점을 강조하자. 불안감을 느끼는 아이는 걱정을 심하게 하는 자신이 잘못됐다고 생각한다. 스스로 문제 있는 사람이라고 생각하면 불안감은 더 커진다. 아이에게 걱정하는 태도는 나쁜 것이 아니라는 점을 인지시켜야 한다. 걱정하는 데는 그만한 이유가 있으며, 아이의 느낌이 정상이라는 것을 강조한다.

> "네가 걱정하는 건 분명 이유가 있어서일 거야."
> "그렇게 느끼는 건 잘못된 게 아니라 아주 바람직한 거야."
> "너를 보호하기 위해 겁이 나는 거야. 조심하라는 뜻이지."

또 한 가지 중요한 사실이 있다. 감정은 에너지가 있다는 것이다. 화가 나서 버럭 할 때 그 힘은 어디서 오는 걸까? 놀라고 당황할 때 후다닥 달려가는 힘은 또 어디서 나오는 걸까? 힘이 하나도 없다고 주저앉아 있다가도 위험이나 공포감을 느끼면 갑자기 에너지가 솟아나 달음질도 치고 소리도 지른다. 이것이 모두 감정이 주는 에너지다.

부모 교육을 하며 엄마들에게 늘 하는 말이 있다. 부모 교육을 받는 날 아이에게 느끼는 미안함과 죄책감 때문에 엄마는 그날 하루만이라도 피곤을 무릅쓰고 아이를 위해 맛있는 간식을 해주거나 아이 방을 대청소하거나 아이를 위한 쇼핑에 나선다. 이것이 감정이 주는 에너지다. 그렇다면 이제 우리가 할 일은 어떤 감정을 어떻게 느끼는지 그래서 어떤 정보를 주는지 잘 살펴보는 일이다. 그리고 에너지를 효과적으로 잘 사용하면 된다. 비 온 뒤에 땅이 굳고 아픈 만큼 성숙하며 아이가 성장한다.

걱정 시간을 따로 정하자

걱정이 많은 아이에게 걱정 인형을 만들어 걱정이 사라지게 하는 상징적 놀이가 효과적이듯이, 초등학생이 되면 따로 '걱정하는 시간'을 만들어보자.

학교에 다녀오자마자 내일 학교 안 가겠다고 말하는 아이에게는 우선 "많이 힘들었어? 그런 말을 할 정도로 힘들었구나" 하고 말하며 다독여주자. 그리고 이렇게 말해보자.

"네가 그 말을 하는 데는 분명히 이유가 있을 거야. 그런데 지금 네가 너무 지치고 힘들어 보여. 우선 맛있는 간식을 먹고 충분히 쉬자. 그리고 저녁 8시에 그 문제를 함께 이야기하자. 그럼 걱정이 확 줄어들 수 있어. 저녁 8시까지는 그 문제에 대해 생각하지 않는 거야. 할 수 있겠니?"

이제 8시가 되면 작은 상자를 하나 마련하자. '걱정 인형'의 핵심은 걱정을 사라지게 하는 것이고, '걱정 시간'의 핵심은 제대로 걱정에 대해 이야기를 나누는 것이다. 걱정거리에 직면하는 것이다. 자기 문제에 직면하기 어려운 것은 어른도 마찬가지다. 친구나 선생님이 원인이 되어 발생한 문제라도 정작 아이는 자기 자신의 부족함에 더 상처받는다. 친구가 놀리는데 제대로 대응하지 못한 자신, 억울한데 선생님께 말도 못 하고 누명을 쓴 채 아무것도 하지 못하는 자신이 너무 싫다. 그 사건을 다시 말하는 용기, 자신의 부족함을 제대로 바라볼 용기가 필요하다. 엄마는 아이의 이런 마음을 다독여주어야 한다.

이제 8시가 되었다. 작은 상자 하나와 쪽지와 연필을 준비하자. 아이가 자신의 걱정을 말하면 그때마다 메모지에 적어서 상자 안에 넣는 방식이다.

아이가 말하는 것을 하나씩 메모지에 적다 보니 사건의 전개와 아이 마음속 걱정의 실체가 한눈에 다 보인다. 물론 친구가 왜 놀

렸는지 더 물어봐도 된다. 걱정을 다 적은 다음에도 또 마음속에 남아 있는 다른 걱정은 없는지 물어보자. 마음속에 걱정거리가 남겨져 있지 않은 맑은 상태를 경험하게 해주자. 잠시 지나면 또 다른 걱정이 마음을 채우겠지만, 잠시 엄마와 함께한 걱정 없는 시간은 아이에게 큰 심리적 재산이 된다.

걱정거리를 상자에 담아두고, 한 달 뒤 혹은 6개월, 1년 뒤에 그 걱정거리들을 꺼내보자. 메모지에는 그날의 날짜를 적어두는 것이 좋다. 언제 그런 걱정을 했고, 시간이 지난 지금은 그때의 걱정에 대해 어떤 느낌과 생각이 드는지 되돌아볼 수 있기 때문이다. 시간이 지나고 난 다음 걱정 상자를 살펴보면 대부분은 우리 아이가 참 잘 자라고 있음을 확인할 수 있을 것이다. 그때는 절실하고 크게 느껴졌던 걱정이 다시 보니 별것 아니고, 이제는 그런 상황에 잘 대처할 줄 알게 되었음을 깨닫게 된다.

엄마와 함께하는 이런 활동은 그 자체가 이미 치유와 성장을 위한 활동이다. 내용을 깊이 다루지 않았다고 걱정할 필요는 없다. 엄마와 이런 활동까지 해본 아이라면 자신에게 다가오는 많은 걱정을 아주 효과적으로 처리해낼 수 있다.

걱정 시간은 충분히 그 문제에 대해 알아보고 마음속 걱정거리를 남김없이 말하는 시간이다. 아이도 작정하고 마음먹었기 때문에 말하는 것이 훨씬 수월하다. 처음에는 어색하고 잘된다는 느낌이 들지 않을 수 있다. 하지만 아이의 표정을 살펴보면 이런 방법이 어떤 효과가 있는지 금방 알 수 있다. 아이의 표정이 훨씬 편안하고 안정감을 느끼며 엄마에 대한 감사와 사랑의 눈빛으로 가득하다. 틀림없다.

05

즐겁게 학교에 가는
아이로 키우는 세 가지 원칙

원칙 ❶
학교에 대한 긍정적 인식을 유지하는 것이 중요하다

학교에 가기를 기대하는 아이로 키우려면 학교에 대한 긍정적 인식을 가지는 것이 중요하다. "학교에서 재미있는 일은?", "학교 덕분에 감사한 일은?", "만일 학교가 없다면?" 등의 질문을 하나씩 아이에게 던져주자. 꼭 답을 얻지 않아도 된다. 그저 아이에게 생각의 씨앗을 뿌리는 일이다. 모든 아이들이 학교에 가기를 싫어하는 것은 아니다. 어떤 아이는 방학이 싫다. 이유는 친구들을 만나기 어렵기 때문이다. 저학년들은 선생님이 보고 싶다고도 한다. 여전히 학교는 아이에게 즐거운 장소이다. 우리 아이가 학교에 대한 긍정적 인식을 잘 키워갈 수 있도록 엄마가 도와주기 바란다.

원칙 ❷

오늘 하루 학교에서 기대할 일을 만든다

"도시락 먹는 재미로 학교 다녔다"고 말하는 어른들이 참 많다. 공부는 제대로 하지 않았지만 그 재미라도 있어서 즐겁게 학교에 다녔고 학창시절의 추억을 쌓아갔다. 그러니 우리 아이가 혹시 급식 먹는 재미로 학교에 다닌다고 해서 한숨 쉬거나 비웃지 말자. 다만 아이가 급식 먹는 재미가 아니라 또 다른 재미를 하나씩 늘려가도록 도와주자. 점심시간에 운동장에서 친구들과 산책하는 재미가 있어도 좋고, 축구도 좋다.

교과목으로 옮겨와서 이야기를 나누어보자. 아이들 대부분이 좋아하는 음악과 체육 시간이 있어서 그날 하루가 덜 부담스럽다면 그 또한 좋은 일이다. 수학을 좋아하는 아이는 수학 시간이 있어 오늘 하루가 즐겁다. 아이가 학교에서 기대하는 것이 많아질수록 아이의 학교생활은 풍요롭고 배우는 것도 많아진다. 못하는 것에 초점을 맞추지 말고 아이가 좋아하고 잘하는 데 초점을 맞추는 것이 중요하다.

"급식 맛있게 먹고 와. 쉬는 시간에 친구랑 즐겁게 잘 놀아."
"오늘은 신나는 체육이 있는 날이네! 친구들이랑 점심시간에 축구 즐겁게 해."

"선생님, 우리 아이 잘 보살펴주세요."

"○○야, 우리 아이랑 사이좋게 잘 지내."

지금까지 아이가 학교에 잘 적응하도록 도와주려고 선생님과 친구에게 이런 말을 주로 해왔다면 이제 좀 다른 차원으로 접근해보자. 아이가 주도적으로 선생님이나 친구와 좋은 관계를 계획하도록 도와주는 방법이다.

"선생님이 많이 힘드시겠다. 선생님께 힘내시라고 응원 한번 해줄까?"

"쉬는 시간에 선생님께 '선생님, 힘내세요. 사랑해요'라고 말해주면 어떨까?"

"친구에게 함께 놀자고 먼저 말 걸 수 있겠니?"

아이들은 대부분 수동적으로 누군가의 사랑과 관심을 받고 싶어 한다. 친구에게 인기 있는 아이들의 첫 번째 비결은 먼저 다가가 말을 걸고 제안하는 것이다.

"우리 이거하고 놀래?"

"너, 나랑 놀래?"

이런 말을 할 줄 아는 아이가 되는 것이 중요하다. 친구와의 만남을 계획하자. 우리 아이가 먼저 가 있으면 나중에 온 친구를 반겨주는 말을 연습하자. 늦게 가는 입장이라면 먼저 온 친구에게 반갑게 인사하는 연습도 좋다. 역할극처럼 연습하다 보면 어느새 현실에서도 자기표현을 아주 잘하게 된다.

06

아이가 꼭 챙겨가야 할
심리적 준비물

알림장의 준비물만큼 중요한 것이 바로 마음의 준비물이다. 오늘 아이의 마음속에 어떤 준비물을 준비해서 유치원과 학교로 보냈는가? 온종일 딱딱한 의자와 책상에 앉아 지루한 수업시간을 견뎌내고, 그리 따뜻하지만은 않은 친구의 눈빛을 받아내기 위한 준비물은 잘 챙겨서 보냈는가?

학교생활을 잘한다고 평가되는 초등학생들에게 학교 갈 때 어떤 마음으로 가는지 물었다. 아이들의 대답은 주로 이랬다.

 "편안한 마음으로 가요."

"오늘은 가서 뭘 하면 재미있을까 하는 마음으로 가요."

"힘들지만 그래도 틈틈이 즐겁게 놀아야지 하는 마음이요."

이렇게 말하는 아이는 모두 성적도 좋고 친구 관계도 좋다. 이상하지 않은가? 재미있게 놀겠다는 말밖에 없는데 왜 학업성적도 잘 나오는 걸까? 그런데 학교생활을 싫어하는 아이들은 반대로 이야기한다.

> "제발 학교 좀 안 갔으면 좋겠어요. 할 수 없이 가는 거예요."
> "숙제라도 없으면 좋겠어요. 제가 학교 안 가면 엄마 아빠가 감옥 간대요."

학교에 가서 놀 생각으로 가득 차 있는 아이는 성적도 좋고 학교생활도 잘한다고 평가받지만, 학교 가기가 너무 싫다는 아이는 학교생활에서도 그대로 나타난다. 어떤 차이가 있는 걸까?

학교생활을 잘하는 아이의 가장 중요한 특징은 바로 마음이 긍정적이라는 점이다. 편안함, 열린 마음, 즐기려는 마음으로 가득 차 있다. 이런 마음이라면 친구가 혹시 잘못 부딪치거나 자신의 연필을 부러뜨려도 화를 덜 낼 것이다. 수업시간에 잠깐 장난을 치지만 다시 집중해서 듣는다. 다들 무료하게 쉬는 시간을 보내고 있으면 '지우개 딱지치기'라도 제안해서 놀 줄 아는 아이다. 그렇다. 놀 시간이 없다고, 담임선생님이 놀지 못하게 한다고 짜증만 부리는 아이와 달리 학교생활을 잘한다고 평가받는 아이는 그 틈에서도 뭔가 즐길 만한 일을 찾아내거나 만들어내려는 마음가짐을 가지고 있다.

한 아이는 이렇게 말한다.

"숙제를 안 했을 때 빼고는 매번 편안한 마음으로 학교에 가요. 친구도 가리지 않고 나랑 놀겠다는 아이랑은 같이 놀기로 마음먹었어요. 저한테 중요한 건 어떻게든 즐겁게 지내는 거거든요. 시간을 재미있게 보내려는 마음만 있으면 즐거운 일이 생겨요. 없으면 우리가 만들면 되고요. 친한 친구들은 빗자루랑 쓰레받기, 대걸레로 음악 공연도 해요. 학교는 의무적으로 가는 곳이니까 스트레스를 받긴 하지만 어차피 가야 하는 거 즐기다 오자는 생각이 더 좋은 것 같아요."

초등학교 5학년 아이가 한해 전까지 자신이 챙겨가지 못한 심리적 준비물에 대해 말한다.

"저는 좀 조심성, 배려심이 없어요. 그래서 자꾸 문제가 생겨요. 그냥 단순히 장난이라고 생각하고 재미있으니까 했는데 나중에 보면 친구가 화내고 속상해해요. 선생님께 혼난 적도 있고요. 다행히 전 때린 적은 없는데 생각 없이 장난으로 때린 애들은 학교폭력으로 더 혼났어요. 그냥 장난이 친구한테는 상처가 될 수 있다는 걸 배웠어요. 배려심과 조심성을 챙겨야 할 것 같아요. 저학년 때는 친구가 왜 갑자기 화를 내는지 전혀 이해할 수 없어서 그 친구를 속이 좁은 아이, 이상한 아이라고 생각했는데 지금 생각하니까 아닌 거예요. 제가 잘못 생각했어요. 조심성과 배려심은 저한테 마치 이런 느낌이에요. 아침에 날씨가 맑아서 당연히 비가 안 올 줄 알고 우산을 안 챙겨갔는데, 알고 보니 오후에 소나기가 오는 그런 느낌의 준비물이요.

이상한 건 옛날 일인데도 갑자기 생각이 나요. 친한 친구가 이해할 수 없는 이유로 화를 내는 상황이요. 내 기억 어딘가에 박혀 있다가 나중에 갑자기 생각이 나요. 그때야 '아! 내가 그때 잘못해서 친구가 화를 냈구나!' 하고 생각이 들기도 해요. 근데 나중에 깨달았을 때는 너무 늦잖아요. 내가 준 상처가 친구의 마음속에 남아 있을 거라고 생각하니 가슴이 아프고 후회돼요."

5학년 정도가 되니 이런 생각도 하나 보다. 참 기특하다. 이 아이는 앞으로 자신이 학교에 다니면서 챙겨야 할 심리적 준비물 중 가장 중요한 것은 친구에 대한 배려심이라고 강조한다.

아이가 꼭 알아야 할 지식과 정보가 있다

다음 이야기를 읽어보자.

사하라 사막 서쪽에 있는 비셀이라는 작은 마을은 독특하고 아름다운 풍광으로 유명하다. 매년 수많은 관광객이 이곳을 찾는다. 하지만 1926년 영국 왕립학술원 원사였던 켄 레먼이 그곳을 찾아가기 전까지는 원주민 중에 사막을 벗어나본 사람이 아무도 없었다. 그들도 이

외지고 척박한 땅을 벗어나려고 수없이 많은 시도를 했지만 모두 실패했다. 레먼 박사는 원주민과 손짓 발짓으로 이야기하다가 모든 대답이 한결같다는 사실을 알았다. 그들은 마을에서 어느 방향으로 나가봐도 결국 같은 곳으로 돌아오고 만다고 했다. 하지만 레먼 박사가 이 마을에 들어올 수 있었듯이 이곳은 절대 외부와 단절된 곳이 아니었다. 그는 이 말의 진위를 알아보기 위해 비셀에서 북쪽으로만 걸어가 보았다. 사흘 반나절이 지나 사막을 벗어날 수 있었다. 비셀의 주민들은 왜 제자리로만 돌아간 걸까?

레먼 박사는 비셀인 청년 엑터를 고용하여 그에게 길을 가보라고 한 뒤 뒤따라가면서 무슨 일이 있는지 알아보기로 했다. 그들은 보름치의 물과 낙타 네 필을 준비했다. 레먼 박사는 나침반 등 장비를 챙기고 뒤따르기만 했다. 그들은 열흘 동안 500km를 꼬박 걸었다. 11일째 되는 날 아침 오아시스 하나가 나타났다. 그런데 그곳은 사막의 끝이 아니라 비셀 마을이었다. 비로소 레먼 박사는 그들이 사막을 벗어나지 못하는 이유를 밝혀낼 수 있었다.

이유는 간단했다. 비셀인은 북두칠성을 보고 방향을 잡을 줄 몰랐던 것이다. 아무 표식도 눈에 띄는 참조물도 없이 그저 드넓게 펼쳐진 모래사막에서 나침반 없이 감각에만 의존해 걷다 보니 자연히 크고 작은 원을 그리며 뱅글뱅글 돌게 되었고, 결국 출발점으로 돌아올 수밖에 없었다. 사막을 벗어나지 못하는 것은 당연한 일이었다. 레먼 박사는 비셀 마을을 떠나면서 엑터에게 중요한 사실을 알려주었다.

"낮에는 쉬고, 밤에는 북쪽의 가장 밝은 별만 따라가게. 그럼 사막을 벗어날 수 있을 걸세."

엑터는 그 말대로 했고, 정말로 사흘 뒤에 사막의 가장자리에 이르렀다. 엑터는 마을 최초로 사막을 건넌 개척자가 되었다. 그를 기념하기 위해 비셀 사람들은 마을 중앙에 동상을 세웠다. 동상의 발치에는 이런 글을 새겼다.

"새로운 삶은 방향을 정하는 것에서부터 시작된다."

– 《스티브 잡스, 생각 확장의 힘》(왕쥔즈 지음, 왕의서재, 2013) 중에서

이 이야기를 읽으면 한 가지 중요한 지식이 삶에 얼마나 큰 영향을 주는지 알게 된다. 만약 이 상황에서 마을 사람들에게 단순히 "언젠가 마을 밖으로 나가는 길을 찾을 거야!"라고 용기만 북돋아 준다면 마을을 빠져나오는 방법을 발견하기까지 얼마나 더 오랜 시간이 걸렸을까? 물론 누군가 북극성을 처음 발견한 것처럼 마을을 빠져나오기 위해 맴돌던 어떤 사람이 늘 자기 머리 위에서 같이 맴돌고 있는 그 별을 찾아낼 수도 있다. 하지만 우리 아이가 이미 밝혀진 사실 한 가지를 다시 발견하기 위해 그 기나긴 과정을 인생을 다 바쳐 반복할 필요는 없다. 그러니 꼭 필요한 지식과 정보를 미리 알게 하는 것이 더 좋지 않겠는가?

심리적 준비물이 중요한 만큼 새로운 지식과 정보도 무척 중요하다. 하나의 사실을 알면 그에 대한 생각과 평가가 완전히 달라질

뿐 아니라 그다음 발걸음의 차원도 달라진다. 그러므로 아이가 알아야 할 지식과 정보가 무엇인지 미리 파악해보고 이야기를 들려주면 좋겠다.

담임선생님의 교육 철학을 배우자

초등학교 2학년 민성이는 담임선생님이 무서워 학교 가는 것이 겁난다. 3월에 새 학년이 되자마자 새로운 담임신생님은 글씨가 흐트러지는 걸 용서하지 않았다. 아이는 몇 번 혼이 나더니 담임선생님을 무서워하기 시작했다. 수업시간마다 글씨를 똑바로 써야 한다는 스트레스에 짜증이 늘었다. 선생님에 대한 원망도 엄청나다. 아이에게 무엇이 제일 힘든지 물으니 글씨 쓰는 게 너무 힘들고 또 혼날까 봐 학교에 가기가 싫다고 말한다.

지금 민성이에게 필요한 것은 무서움을 극복하는 용기, 선생님의 지시를 잘 따를 수 있는 힘이다. 하지만 무서움을 극복하기 위해 또 다른 무언가가 필요하다. 아이의 느낌을 바꿀 수 있는 새로운 것 말이다. 엄마에게 담임선생님이 왜 그렇게 글씨에 집착하시는지 한번 여쭤보라고 하였다. 다음은 담임선생님과 상담한 후 엄마가 들려준 이야기다.

엄마는 선생님과 상담하는 과정에서 새로운 사실을 알게 되었다. 글씨에 대한 선생님의 철학이다. 담임선생님은 글씨를 바르게 쓴다는 것은 자기 관리를 잘한다는 의미로 생각했다. 20년 이상 교사 생활을 하면서 관찰한 결과 늘 남의 부러움을 받는 훌륭한 학생은 글씨도 반듯했다. 선생님은 바르게 글씨 쓰기가 아이가 성장하는 가장 근본적인 밑거름이라 생각했고, 조금 엄격하게라도 글씨를 잘 쓰도록 하는 것이 올바른 교육이라는 철학을 갖게 되었다. 학년이 끝날 즈음 아이들은 선생님의 믿음대로 글씨에 대한 스트레스가 확연히 줄어들면서 수업시간에 잘 집중하고 숙제 등 자기 관리 측면에서도 큰 발전을 이룬다고 확신했다. 엄마는 선생님의 말씀을 다시 아이가 잘 알아들을 수 있게 전했다.

그러자 아이는 엉뚱한 질문을 한다. 글자를 틀리는 것이 더 나쁜 거니까 그걸 더 혼내야 하는 거 아니냐고 말이다. 선생님이 그 부분에 대해 하신 말씀은 이렇다. 틀린 것은 잘 모르는 것이고, 모른다는 것은 혼을 내야 하는 게 아니라 앞으로 더 알고 배우려는 의지를 갖도록 도와줘야 하는 것이라고. 아이들은 일부러 틀리지 않는다. 몰라서 틀린다. 하지만 글씨가 나쁜 아이는 잘 쓸 수 있는데도 정성을 들이지 않아 나쁘게 쓰는 것이다. 마음가짐이 흐트러져 있기 때문이다. 아이가 정신을 차릴 수 있게 단호하게 혼을 내면 다시 아이는 마음을 챙기고 글씨도 바르게 쓰게 된다.

선생님의 말씀을 전해 들은 민성이는 더는 투정부리지 않았다. 선생님의 뜻을 어느 정도 이해했나 보다. 얼마 지난 뒤부터 민성이는 글씨 쓰는 것에 대해 더는 불편을 말하지 않았다. 다음 학기가 되자 민성이는 글씨도 잘 쓸 뿐 아니라 학교생활도 무척 잘하게 되었다. 글씨 때문에 힘들다고 투덜대는 친구를 다독여주기도 했다.

"그래도 잘 쓰면 기분 좋잖아. 보기도 좋고. 왠지 공부도 더 잘되는 것 같아."

아이가 알아야 할 지식과 지혜가 참 많지만 이렇게 천천히 한 가지씩 엄마와 이야기를 나누며 배워가면 어떨까? 아이는 몰라서 오해하고 혼자 겁먹는 경우가 많다. 아이가 알게 된 새로운 지식이 더 넓은 시각으로 세상을 볼 수 있게 한다. 한 가지를 제대로 깨달으면 두 가지 세 가지는 저절로 깨닫게 되는 지혜를 얻게 된다. 자라는 아이에게는 적절한 지식과 정보가 마음을 든든하게 하고 훌쩍 성장하게 하는 지지대와 디딤돌이 된다.

아이는 엄마가 어떻게 하느냐에 따라 180도 다른 행동을 보여준다. 마치 길 가던 사람이 내 발을 밟고 지나갔을 때 화가 나서 "야!"라고 소리치면 상대방이 기분 나쁘게 째려보고, "아!"라고 아픔을 호소하면 어쩔 줄 모르며 미안해하는 것과 같다. 까다로운 기질을 타고난 아이라면 조금 더 세심하게 대해야 하는 부담이 있지만, 엄마 하기 나름이라는 사실에는 변함이 없다. 지금 나는 아이와 어떤 아침 시간을 만들고 있는지 생각해보자. 평화로운 아침을 만들고 싶다면 이제 조금만 다르게 해보자.

아이마다 챙기기 쉬운 심리적 준비물이 있고 챙기기 어려운 것이 있다. 준비물이란 필요하므로 미리 마련해가야 한다는 뜻이다. 하지만 아이는 그것이 필요한 이유를 깨닫지 못하는 경우가 많다. 부모의 역할은 아이가 챙기기 어려운 심리적 준비물을 챙기도록 도와주는 것이다. 아이가 학교에 다녀온 뒤에는 그날 있었던 일을 이야기해보고 거기서 아이에게 부족한 준비물이 무엇이었는지 알아보자. 아이와의 대화를 통해 아이가 챙기지 못한 준비물을 챙겨주는 것이 부모로서 할 일이다.

직장 엄마를 위한 아침 시간

아침에 아이와 헤어지는 방법

직장 엄마에게 자란 어느 대학생의 편지

어렸을 적 나는 엄마와 아빠가 맞벌이라서 집에 누나와 같이 둘만 남겨지는 경우가 많았다. 그때는 그게 너무 당연한 거라 생각하고 크게 불안했던 적은 없었다. 잘 보살펴주시는 할머니가 계셨기 때문이기도 했지만 더 중요한 이유가 있다. 엄마가 출근할 때 항상 나에게 해주었던 "도깨비 잡으러 갔다 올게"라는 말 덕분이었다. 엄마와 떨어지기 힘들어하는 나를 위해 엄마가 늘 해주던 말이다.

엄마가 도깨비 잡으러 갔다 온다는 말을 어린 나는 그대로 믿었다. 엄마가 그 말을 할 때마다 즐거운 상상의 나래를 펼쳤다. 어렸을 적 TV와 동화책에서 본 대로 도깨비는 별로 무섭지 않고 귀엽게 느껴졌다. 그래서 엄마가 도깨비 잡는 모습을 상상하는 것이 즐거웠다. 매우 설레고 흥미진진했다. "돈 벌러 간다", "일하러 간다"는 말보다 훨씬 더 매력적인 목적이 있는 말로 들렸고, 어린 나는 엄마가 정말 대단한 일을 하러 간다고 생각했다. 그 말 덕분에 엄마와 떨어져서 불안하거나 상실감을 느끼기보다는 왠지 모르게 설레는 기대감이 훨씬 높았다.

엄마가 퇴근하면 난 항상 "오늘은 도깨비 몇 마리 잡았어?" 하고 질문했고, 엄마는 질문에 친절하게 답하면서 나의 즐거운 상상을 절대 깨지 않았다. 나중에 초등학교 고학년이 되어서 엄마한테 왜 항상 일하러 갈 때마다 도깨비 잡으러 갔다 온다고 했느냐고 물어보니, 일하러 간다고 하면 내가 엄마와 떨어지기 싫다고 칭얼거리고 여러모로 불안해하는 반응을 보였기 때문이라고 한다. 그래서 어쩌다 보니 도깨비 잡으러 간다고 했는데 효과가 생각보다 커서 이후부터는 계속 그렇게 했다고 한다.

지금 생각해도 참 탁월한 방법이 아니었나 싶다. 어렸을 때 쉽게 접할 수 있는 도깨비 이야기, 그렇게 무섭지도 않고 왠지 한판 뜨면 내가 이길 수 있을 것 같은 느낌의 존재, 한 번쯤 만나보고 싶은 초현실적인 존재의 이미지를 활용해서 나의 불안한 마음을 흥미와 기대감 같은 긍정적인 생각으로 바꾸어준 것은 정말 신의 한 수였다.

오후:
잘 놀고 잘 배우기 위한
방법이 필요해요

01

온라인 수업을
잘 끝낸 아이를 위하여

온라인 수업을 다 끝냈을 때 어떤 말로 아이를 맞이하면 좋을지 생각해 보자. 힘든 과제를 해냈을 때 꼭 필요한 것이 바로 심리적 보상이다. 심리적 보상이란 물질적 보상과 다르다. 마음으로 충만해지는 것이다.

우선 수업을 다 끝낸 아이에게 엄마의 환하게 웃는 얼굴과 엄지손가락을 위로 올리며 대단하다고 칭찬해 주자. 자신이 잘하려 노력했고, 포기하지 않고 끝까지 해냈으며, 엄마가 그걸 알고 콕 집어 칭찬해 줄 때 아이는 비로소 자신을 칭찬할 수 있게 된다. 힘들고 짜증낸 것에 대한 후회감이 아니라, 그런데도 잘하려 노력한 점을 알아주는 것이 가장 중요하다.

잘한 게 없다고 보인다면 아직 부모가 아이를 보는 시각이 너무 부정적이기 때문이다. 아무리 짜증을 내도 아이가 끝까지 했다면 그것만으로도 충분히 칭찬받을 일임을 기억해야 한다.

혹시 빠뜨리거나 다시 해야 하는 부분이 있어도, 일단 잘 마쳤고 수고했음을 칭찬하는 것이 중요하다. 그런 다음 엄마의 다섯 번째 전문용어를 활용하자. 언제 고치고 싶은지, 어떻게 하고 싶은지 물어보자. 아이의 생각을 듣고 나서 적절하다면 의견을 따라주면 된다.

혹시 감당하기 힘든 계획을 세우면 수정하는 제안 정도로만 아이에게 넌지시 알려주면 된다. 의외로 고치는 건 별로 시간이 들지 않는다. 힘겹게 끝낸 아이에게 바로 그 자리에서 고치라고 부담을 준다면 아이는 더 힘겨워지고 하기 싫어질 뿐임을 기억하자. 아이는 자신의 잘못된 점을 반성하고 후회하는 것만으로 성장하지 못한다. 아직 부족하지만 잘한 점이 있고, 누군가 바로 그 점을 알아줄 때 비로소 뿌듯함을 느낀다. 그 뿌듯함이 다시 학습 동기로 발전하고 건강한 자아개념과 자존감을 발전시키도록 돕는다.

코로나 19로 인해 학습능력의 양극화가 더 심화되는 현상이 나타나고 있다. 학습결손이 심해지는 아이도 있고, 반면에 처음엔 서툴렀지만, 점차 적응해서 수업을 잘 이해하고 발전하는 아이도 있다. 일정 기간 후에 두 아이가 얼마나 차이가 날지 쉽게 짐작할 수 있다.

원래 위기상황은 항상 두 갈래 길을 만든다. 위기로 인해 상태가 더 나빠지거나, 아니면 위기를 기회 삼아 한 단계 더 성숙해질 수 있다. 당연히 우리 아이가 걸어야 할 길은 후자가 되어야 한다. 아무도 경험하지 못한 새로운 육아의 시대에 엄마 아빠의 약간의 지혜로운 도움이 우리 아이에게 큰 도움이 된다는 사실을 잊지 말아야겠다.

02

하교 시간,
아이에게 꼭 필요한 것들

"엄마!"

아이가 유치원에서 돌아왔다. 이 순간 엄마는 아이를 어떻게 맞이하는가? 어린이집이나 유치원에 다니는 아이를 반갑게 맞지 않는 엄마는 없다. 아이를 안아주고 눈을 맞추며 힘들지는 않았는지, 재미있게 놀았는지 세심하게 살핀다. 대부분 엄마들은 아이의 마음이 흡족하도록 잘 맞이해준다. 그런데 아이가 학교에 입학하면서부터는 뭔가 달라지기 시작한다. 엄마는 달라진 것이 없다는데 아이는 전혀 다르게 느낀다. 왜 그럴까? 과연 학교에서 돌아오는 아이를 어떻게 맞이하는 것이 좋을까?

처음 아이를 초등학교에 보내는 연서 엄마는 유치원 때와는 좀 달라야 할 것 같은 생각에 선배 엄마들에게 질문했다. 아이가 학교에서 돌아오면 무엇부터 챙겨야 하느냐고. 만약 당신이 이 질문을 받는다면 어떤 말을 해주고 싶은가?

- 아이가 오면 가방을 열어 알림장을 확인하고 숙제와 준비물을 챙겨야 한다.
- 책과 공책도 확인해서 아이가 공부를 제대로 했는지 수업을 잘 들었는지 확인한다.
- 필통을 살펴보며 잃어버린 것은 없는지, 깎아야 할 연필이 없는지 본다.
- 아이에게 학교생활에 대해 질문해서 별말이 없거나 표정이 안 좋으면 주변에 사는 같은 반 엄마와 통화해 그 집 아이의 입을 통해 오늘 우리 아이가 학교생활을 어떻게 했는지 알아보는 것도 중요하다.
- 숙제를 꼼꼼히 잘하게 하고 문구점에서 준비물도 미리 구입한다.

연서 엄마는 이상했다. 다 필요한 일이기는 하지만 이렇게 적어놓고 보니 뭔가 허전하고 중요한 것이 빠진 것만 같다. 학교에 다녀온 아이를 챙기는 일이 회사에서 일하듯 사무적인 일로만 가득 채워져 있으니 말이다. 몇 시간 동안 학교에서 정해진 규칙을 지키고, 선생님의 말씀에 집중하고, 머리를 써서 공부하고 돌아온 아이에게 지금 당장 필요한 것이 이것뿐이라면 좀 씁쓸해진다. 학교에서도 힘들었을 텐데 또다시 엄마에게 조사받듯 학교생활을 잘했는지 점검받아야 하고, 숙제를 해야 하는 압박감을 받아야 하고, 내일 등교를 위한 준비에 마음을 써야 한다는 것 아닌가.

연서 엄마는 생각해보았다. 만약 내가 아이라면 학교를 나서면서 엄마에게 무엇을 기대하는지, 만약 엄마가 앞에서 예를 든 것처럼 한다면 아이의 마음이 어떨지 말이다. 10초도 되지 않아 이건 아니라는 생각이 들었다. 사랑하는 엄마가 자신을 보자마자 가방 검사부터 한다면? 필통을 열어 확인한다면? 죄지은 것도 없는데 갑자기 경찰서에서 조사받는 느낌이 들 것 같다.

아이의 방과 후 시간이 이런 식으로 시작되는 것은 정말 말리고 싶다. 쉬고 싶은 마음, 이제야 자유롭게 놀 수 있겠다는 기대를 충족해주자. 엄마의 사랑을 다시 확인하게 하고, 학교에 무사히 잘 다녀온 아이를 칭찬해주는 말이 먼저여야 한다. 유대인 부모처럼 학교에서 돌아오면 "오늘 선생님께 무슨 질문했어?"라고 물어보는 것도 좋지만, 그것도 아이가 휴식을 취하고 엄마와 마음 편히 즐거운 이야기를 나누며 맛있는 간식을 먹으면서 할 이야기다. 그래야 아이도 신나서 오늘 하루 자신의 생활을 말할 수 있지 않을까?

학교에 다니는 아이는 엄마와 떨어지는 것이 힘들다. 어떤 아이는 엄마 냄새로 향수를 만들어 갖고 다니면 좋겠다는 말도 한다. 아이가 원하는 것은 학교에 갔다 오자마자 엄마의 따뜻한 품에 안

겨 엄마 냄새를 맡고 지친 몸과 마음을 쉬는 것이다. 사랑한다는 말도 듣고 싶고, 자신을 보고 싶었다는 말도 듣고 싶다. 이런 마음을 알고 충분히 품어줄 때 아이는 엄마가 세상에서 둘도 없는 자기편임을 확신한다. 이런 아이가 자존감이 높고 자신감도 충만하다. 힘든 일을 겪어도 툴툴 털고 다시 회복할 수 있는 탄력성도 훌륭하다. 해야 할 일을 챙겨야 한다는 조바심을 잠시 미루자.

연서 엄마는 다시 마음을 정리한다. 학교 앞에서 엄마의 얼굴을 발견한 아이가 "엄마!" 하고 소리쳤을 때 기대하는 반응은 환하게 웃으며 자신을 따뜻하게 품어주는 엄마일 것이다. 그런 엄마가 되어주기로 마음먹는다.

과거의 기억을 되살려보자. 연애할 때 데이트 약속에서 상대를 어떻게 맞이했는가? 부드러운 미소와 환한 얼굴, 가장 예쁜 모습으로 만나 무슨 이야기부터 할지 설레는 고민을 했다. 아이도 그렇게 맞이해보자. 외국영화를 보면 유치원이나 학교에 마중 나간 엄마가 학교 건물을 나서는 아이에게 두 팔 벌려 껴안고 뽀뽀해준다. 우리도 그렇게 해보자. 아이가 유치원 버스에서 내릴 때 우선 안전한 공간으로 옮겨서 잠시 멈추고 아이의 눈을 바라보며 꽉 껴안아주자. 가방을 낚아채서 뒤지듯이 열어 알림장을 확인하고, 그날 받아쓰기 시험 성적을 확인하지 말자.

"선생님 말씀 잘 들었어?"

이런 말로 아이에게 압박감을 주지 말자. 혹시 아이가 집중하지 않거나 장난을 많이 쳐서 혼이 났다는 말을 들어도, 아이 편에서 먼저 위로해주는 것이 중요하다. 혹시 아이가 시무룩하거나 뾰로통해 있다면 아이의 신호를 잘 해독해보자. 아이는 분명 엄마에게 말로 전하지 못하는 힘든 마음을 표현하고 있다. 말하라고 다그치지 말고 엄마의 전문용어를 사용할 때다.

🗨 아이가 불편함을 표현할 때

힘들어 보이네.

힘들었구나.

뭔가 불편한 일이 있었나 보네.

엄마가 위로해줘야겠다. 이리 와. 엄마가 안아줄게.

🗨 아이가 힘들다고 표현할 때, 혼났다는 말을 들었을 때

수업 내용이 지루했구나.

다른 걸 먼저 하고 싶었구나.

네가 오죽했으면 장난을 쳤겠니.

유치원이나 학교에 다녀온 아이가 밝고 환한 표정일 때 엄마는 무척 행복하고 뿌듯하다. 눈부시게 예쁜 아이의 모습이 엄마의 가슴을 가득 채운다. "엄마!" 하고 부르며 달려온 아이를 와락 껴안고 행복해하면 된다. 굳이 말로 하고 싶다면 이렇게 해보자. 사랑하는

연인에게 했던 말 그대로 말이다.

"보고 싶었어. 사랑해."

엄마의 간식은 사랑, 위로, 휴식이 된다

음식이 아이의 마음에 끼치는 영향은 무엇일까? 울다가도 먹을 것이 있으면 뚝 그친다. 재미있게 놀다가도 갑자기 형, 동생과 다툼이 생겨 울음을 터뜨리는 이유도 음식 때문인 경우가 많다. 엄마가 잠시 외출한다고 할 때 그래도 먹을 간식이 있으면 엄마의 부재를 참아낼 만한 마음의 여유가 생긴다. 음식이 가진 힘은 정말 크다.

학교에서 긴 시간을 보내고 온 아이가 엄마의 사랑을 확인하고 나면 바로 찾는 것은 맛있는 간식이다. 외출에서 돌아온 엄마를 반기며 아이가 달려나가지만 아이의 눈은 엄마의 손을 보고 있다. 아빠가 퇴근할 때도 "아빠!" 하고 부르며 쫓아가지만 사실 아이는 아빠의 손을 보고 있다. 할머니 할아버지가 집에 오면 반갑게 인사하지만 그 시선은 손에 가 있다. 아이들은 어른의 손에 무엇이 들려 있기를 바랄까?

엄마 역할의 가장 첫 번째는 젖을 먹이는 일이다. 아이가 엄마의 사랑을 확인하는 첫 번째 방법도 먹는 것이다. 태어나자마자 아이의 무의식에 각인된 엄마 사랑의 결정체는 음식이다. 음식을 먹으면 일어나는 온갖 신체활동과 호르몬의 작용을 잘 모른다 하더라도, 아이에게 음식은 단순히 맛으로 좌우되는 그 무엇이 아니라 엄마를 상징하는 사랑의 결정체로 인식된다. 엄마의 간식은 아이에게 사랑과 위로와 휴식이 된다.

반대로, 엄마가 함께 있는데 먹을 것을 안 준다고 생각해보자. "무슨 엄마가 그래?" 하는 말이 절로 나온다. 결국 엄마의 가장 대표적인 역할은 음식을 주는 것이고, 엄마가 아이의 하교 시간에 집에 있건 없건 가장 중요하다. 그러니 직장 엄마가 반드시 챙겨야 할 것은 엄마 대신 맛있는 간식이 아이를 맞게 하는 일이다. 아무리 바빠도 아이를 위한 간식은 빠뜨리지 말자. 대신 준비해주는 사람이 있다 해도 엄마가 준비해준 것과는 다르다. 만들어둘 수 있으면 더 좋겠지만 매번 그러기는 어렵다. 사놓는 간식이라도 엄마가 직접 사준 것은 아이 마음에 다르게 느껴진다. 엄마의 손길이 닿은, 사랑이 뿌려진 음식이 아이를 키운다.

03

아이를 괴롭히지 마세요

아이의 성장을 위해 가장 필요한 것은 무엇일까? 유치원이나 학교에 다녀온 후의 시간, 부모의 역할에 따라 아이 성장의 질은 확연히 달라진다. 학원을 열심히 보내는 엄마도, 즐겁게 놀이처럼 가르치는 엄마도, 배움보다 인성과 친구관계를 더 소중히 생각하는 엄마도 목표는 모두 똑같다. 아이를 잘 키우는 것이다. 잘 키운다는 의미가 서로 조금씩 다를 수는 있지만, 아이의 성장에 초점을 맞추는 것은 같다. 그렇다면 아이가 잘 자라기 위해 아이의 마음에 가장 필요한 것은 무엇일까?

숙제와 공부에 대해 말하기 전에 엄마가 꼭 알아야 할 사항이 있다. '나는 사랑하는 내 아이를 학대하고 있지는 않은가?' 하는 문제다. "당신은 아이를 학대하십니까?"라고 물으면 그렇다고 대답할 부모는 없다. 정신이 이상하지 않고서야 어떻게 사랑하는 아이를 학대하겠는가? 그런데 학대의 의미를 정확히 알고 나면 학대하지 않고 아이를 키우는 부모가 몇 명이나 될지 궁금하다. 나를 포함한 많은 부모가 몰라서, 혹은 아이를 위해서, 잠시 욱하는 감정에 휘둘려서 그랬을 뿐이라 변명한다. 아이를 키우는 부모라면 기본적으로 알아야 할 사항이 바로 이 내용이다. 부모가 아이에게 행하는 훈육과 체벌이 학대는 아닌지 생각해봐야 한다.

보건복지부와 중앙아동보호전문기관의 〈2018 아동학대 주요통계〉에 따르면 2018년 전체 아동학대 판단사례는 2만 4천 604건이었다. 그 중 아동학대 유형은 중복학대 1만 1천 792건, 정서학대 5천 862건, 신체학대 3천 436건, 방임 2천 604건, 성적 학대 910건 등이었다.

학대 행위자와 피해 아동과의 관계는 친부가 43.7%, 친모가 29.8%로 친부모에 의한 학대가 73.5%로 가장 많았고, 대리양육자(교직원, 아동시설 종사자 등) 15.9%, 친인척 4.5% 계부모 3.2%, 양부모 0.2% 등, 순이었다. 아동학대가 발생한 장소는 가정 내가 80.3%, 학교 8.5%, 어린이집 3.3%, 복지시설 1.7% 집 근처 또는 길가 1.4%, 유치원 0.8% 순으로 나타났다.

한 광고가 있다. 길가에 세워진 커다란 소년의 사진, 어른의 눈높이에서는 그냥 소년의 얼굴만 대문짝만하게 찍힌 광고다. 과연 무슨 광고일까? 그런데 길을 지나던 한 아이가 광고를 향해 다가

간다. 아이의 눈에 비친 소년의 얼굴은 멍이 들고 입술이 터졌다. 그리고 메시지가 나타난다.

"누군가 너를 때린다면 전화해. 도와줄게."

옆에는 전화번호가 있다. 어른에게는 보이지 않고 10살 이하 아이들의 키 높이에서만 보인다. 스페인의 한 아동단체에서 만든 '아동학대 신고' 광고다.

이렇게까지 만들어야 하는 이유를 짐작할 수 있겠다. 부모에 의해 일어나는 학대의 특수성 때문이다. 아이는 고스란히 당하고 있을 수밖에 없다. 다른 나라의 광고지만 아직 부모가 하는 체벌에 관대한 우리 현실에서도 많은 생각을 하게 한다.

엄마 아빠가 아이를 때리는 것을 '사랑의 매'라고 생각하는가? 어린이집 선생님이나 학교 선생님, 친구가 때리는 것만 폭력으로 생각하고 있지는 않은가? 우리는 여전히 부모가 아이에게 혼내고 소리 지르고 체벌하는 데 의외로 관대하다. '가정 내 폭력'에 관한 인식이 성숙하지 못하기 때문이기도 하고, 아이를 가르치기 위해서는 말로 안 되면 때려도 된다는 인식이 아직도 존재하기 때문이다. 하지만 엄밀히 말하면 부모의 폭언과 체벌이 대부분 학대 수준에 포함됨을 알아야 한다.

아동복지법에서 정한 학대의 법적인 의미부터 살펴보자. 아이를 키우는 양육 행동의 기준선으로 삼아도 좋겠다.

🔍 제2조 (용어의 정의)

"아동"이라 함은 18세 미만의 자를 말한다.

"아동학대"라 함은 보호자를 포함한 성인에 의하여 아동의 건강·복지를 해치거나 정상적 발달을 저해할 수 있는 신체적·정신적·성적 폭력 또는 가혹행위 및 아동의 보호자에 의하여 이루어지는 유기와 방임을 말한다.

🔍 제4조 (책임)

아동의 보호자는 아동을 가정 안에서 그의 성장 시기에 맞추어 건강하고 안전하게 양육하여야 한다.

아동에 대한 적극적인 가해뿐 아니라 소극적 의미의 방임행위까지 아동학대에 포함된다는 사실이 중요하다. 사람들은 신체적 성적 폭력은 학대라는 사실을 정확히 알고 있지만, 정서적 학대와 방임은 학대라고 생각하지 않는다. 이제 우리의 생각 체계를 바꿀 필요가 있다. 정서적 학대와 방임의 구체적인 모습도 알아야겠다.

정서학대Emotional Abuse (아동복지법 제3조 제7호)

🔍 정서학대의 내용

보호자나 양육자가 아동에게 언어적 모욕, 정서적 위협, 감금이나 억제, 기타 가학적인 행위를 하는 것을 말한다. 언어적·정신적·심리적 학대라고도 한다, 정서학대는 눈에 두드러지게 보이는 것도 아니고 당장 그 결과가 심각하게 나타나지 않기 때문에 그냥 지나칠 수 있다는 점에서 더욱 유의해야 한다.

🔍 구체적인 정서학대 행위

- 원망적·거부적·적대적 또는 경멸적인 언어폭력 등
- 잠을 재우지 않는 것
- 벌거벗겨 내쫓는 행위
- 삭발을 시키거나 강제로 머리를 자르는 행위
- 형제나 친구 등과 비교하는 행위, 차별, 편애
- 가족 내에서 왕따 시키는 행위
- 아동이 가정 폭력을 목격하도록 하는 행위(아동이 보는 앞에서 자주 부부 싸움을 하거나 배우자를 폭행하는 행위 등)
- 아동을 시설 등에 버리겠다고 반복적으로 위협하거나 짐을 싸서 내보내는 행위
- 미성년자 출입금지 업소에 지속적으로 아동을 데리고 다니는 행위
- 돈을 벌어 오라고 위협하거나 아동의 나이에 적절하지 않은 과도한 일을 시키는 행위
- 보호자의 종교 행위 강요
- 다른 아동을 학대하도록 강요하는 행위 등

방임 Neglect

🔍 방임의 내용

방임은 아동이 위험한 환경에 처하거나 충분한 영양을 공급받지 못해 발육부진이 되는 경우가 많으며, 나이 어린 아동에게는 치명적인 결과(장애)를 가져

오거나 사망에까지 이르게 한다. 또한, 발달상황에 놓여 있는 아동에게 다양한 측면에서 잠재되어 있는 파생적인 문제들이 발견될 수 있다. 예를 들면 청결하지 않은 외모에서 오는 집단 따돌림, 사회문제 행동의 피해자 혹은 가해자가 되기도 한다. 유기란 보호자가 아동을 보호하지 않고 버리는 행위를 말한다.

🔍 방임의 유형

– 물리적 방임

기본적인 의식주를 제공하지 않는 행위, 상해와 위험으로부터 아동을 보호하지 않는 행위, 불결한 환경이나 위험한 상태에 아동을 방치하는 행위, 아동의 출생신고를 하지 않는 행위, 보호자가 아동을 가정 내에 두고 가출한 경우, 보호자가 아동을 병원에 입원시키고 사라진 경우, 보호자가 아동을 시설 근처에 두고 사라진 경우, 보호자가 친족에게 연락하지 않고 무작정 아동을 친족 집 근처에 두고 사라진 경우 등

– 교육적 방임

보호자가 아동을 학교(의무교육)에 보내지 않거나 아동의 무단결석을 허용하는 행위, 학교 준비물을 챙겨주지 않는 행위, 특별한 교육적 욕구를 소홀히 하는 행위 등
※의무교육은 6년의 초등교육 및 3년의 중등교육을 의미함
※무단결석이란 정당한 사유 없이 계속하여 7일 이상 결석하는 경우

– 의료적 방임

아동에게 필요한 의료적 처치를 하지 않는 행위, 예방 접종이 필요한 아동에게 예방 접종을 실시하지 않는 행위, 장애 아동에 대해 치료적 개입을 거부하는 경우 등

04

숙제도 공부도
즐겁게 할 수 있다

동기란 '어떤 일이나 행동을 일으키게 하는 계기'를 말한다. 그래서 학습 동기란 공부하는 행동을 일으키는 매우 중요한 원동력이 된다. 공부 안하고는 제대로 버텨낼 수 없는 대한민국 현실에서 학습 동기를 가진 아이로 커간다면 이는 부모에겐 큰 선물 같은 일이다. 어떤 부모라도 이 선물을 받고 싶다. 이제 무엇이 우리 아이의 학습 동기를 키워주는지 알아야 한다.

영어는 너무 싫지만 수학을 좋아하는 아이도 있고, 수학은 너무 싫지만 영어를 좋아하는 아이도 있다. 다른 과목 공부는 절대 하기 싫지만 독서는 부모님과 선생님 눈을 속여가며 몰두하는 아이도 있다. 이런 모습을 보이는 아이는 너무 사랑스럽고 그 미래의 모습도 매우 낙관적으로 여겨져 기특하고 대견하다. 하지만, 이런 시각은 명문대를 꼭 가야 한다는 절대 신념이 없어야 가능한 일이다. 주변 사람의 참견에 흔들리지 않는 견고한 마음을 가져야 느낄 수 있는 마음이다.

이런 개성 있는 모습을 가진 아이들에 대한 현실적 평가는 특정 과목을 좋아한다는 사실보다는 영어포기자, 수학포기자 취급을 받는다. 또한 책 읽을 시간 없다고 외치는 것이 어느새 당연해져 버린 분위기에서 몽상가 취급을 받게 되기도 한다.

하지만, 부모와 어른들이 이성적으로 판단해보자. 우리 아이가 살아갈 세상이 이제 더 이상 지식을 잘 외워서 시험 보는 실력으로 살아갈 수 없는 인공지능의 세상이다. 이것을 감안 한다면, 조금이나마 공부에 대한 시각을 다르게 가져야 한다.

미래학자들은 미래를 살아갈 우리 아이들은 인공지능이 대체하지 못하는 공감 능력과 창조적 상상력을 발달시키는 것이 중요하다고 말한다. 단순히 좋은 대학에 가고 좋은 직장을 얻기 위한 수단으로 공부를 폄하하지 않기를 바란다. 공부란 원래 의미대로 사용되어야 한다.

공부工夫는 공부功扶 를 의미했다. 공功은 성취하다, 부扶는 돕는다는 뜻으로 '성취해서 남을 돕는다' 혹은 '무엇을 도와 성취하다'라는 의미로 해석된다. 도와서 성취하건 성취해서 남을 돕건 중요한 것은 '성취'와 '도움'이라는 의미다. 남을 돕지 않고 혼자만 열심히 하는 공부와 공부를 잘해도 남을 돕지 않는 것은 공부가 아니다.

이런 의미에서 공부와 성적을 구분하고 싶다. 공부에 대한 담론이 점점 더 활발해지는 것도 이 때문이다. 공부는 살아가면서 평생 필요한 것이고, 늦게 공부하는 사람일수록 학창시절에는 왜 이렇게 공부가 재미있는 줄 몰랐을까 의아해한다. 이유는 단순하다. 우리는 성적만 높이려 했기 때문이다. 그리고 사랑하는 아이에게도 똑같이 성적만을 강요한다.

이제 공부를 학교 성적으로만 해석하지 않기를 바란다. 입시를 위한 도구로만 생각하지 않기를 바란다. 어떤 연구에 의하면 3살 아이의 질문은 하루에 300가지가 넘는다고 한다. 무엇이 그리 알고 싶고 배우고 싶기에 그토록 많은 질문을 할까? 억지로 노력하는 게 아니라 궁금해서 저절로 질문이 터져 나온다. 사람은 원래 새롭게 알고 배우기를 즐기는 존재다. 공부가 아이가 크는 내내 계속되었으면 좋겠다. 성적이 좋은 아이가 아니라 공부하기를 좋아하는 아이로 키우는 것이 더 중요하다.

🔍 숙제와 공부가 힘든 아이를 위한 특별 원칙

① 숙제의 분량을 나누어 조금씩 두세 번에 걸쳐 하게 한다.

② 검사할 때 아이가 스스로 하게 한다.

③ 숙제에서 틀린 것을 찾으면 지시하지 말고, 고치고 싶은지 질문하고 스스로 선택하게 한다.

④ 숙제를 다 못 했을 경우 화내거나 비난하지 말고, 아이의 걱정과 힘듦을 공감하고 다독여준다.

⑤ 다음 날 아침, 숙제할 수 있는 시간만큼 아이를 일찍 깨우며 혹시 남은 숙제를 다 하고 싶은지 질문한다. 이때도 선택은 아이가 하게 한다.

🔍 공부와 숙제를 즐겁게 하기 위한 원칙

① 숙제를 언제 하고 싶은지 아이가 결정한다.

② 숙제하는 환경에 대해 의논하고 협상한다.

③ 숙제할 때 어려운 점을 미리 질문한다.

④ 엄마가 도와줄 일이 무엇인지 질문하고 협상한다.

⑤ 힘들어하는 아이의 마음에는 격려가 필요하다.

⑥ 아이의 강점을 찾아 자주 말해준다.

⑦ 하기 싫은 마음을 참고 숙제와 공부를 하는 아이의 긍정적 의도를 찾아 말해준다.

05

숙제가 어려운 아이를 위한
특별한 대화

"숙제가 너무 많아요. 숙제가 너무 어렵단 말이에요" 하고 아이가 하소연한다. 숙제라는 걸 누가 만들었느냐고 원망하다 엄마 눈치를 보고 "하면 되잖아요"라며 또 징징거린다. 그래도 다행히 숙제를 집어 던지거나 팽개치지 않는다. 이때 아이 마음속의 긍정적 의도는 무엇일까?

엄마 입장에서는 아이가 하기 싫어 핑계를 대고 징징거린다고 오해하기 쉽다. 하지만 아이는 마음속으로 자신도 숙제가 쉽게 여겨지면 좋겠다고 생각한다. 잘해내기를 바라는 마음이 엄마보다 훨씬 더 크다. 이 순간 엄마가 해야 할 역할은 바로 그 마음을 알아주는 것이다. 엄마의 전문용어로 아이의 '긍정적 의도'를 알아주자.

초등학교 3학년 범수는 학원 가기 전에 숙제를 한다. 하지만 시간은 다 되어가는데 숙제는 아직 많이 남았다. 갑자기 시계를 보다 숙제를 보다 하더니 괴로운 표정을 짓는다.

🧒 "숙제가 얼마나 어려운 줄 알아요? 다 엄마 마음대로야. 나 안 해. 숙제 안 할 거야. 학원도 안 갈 거야."

👩 "엄마가 언제 마음대로 했니? 학원도 네가 간다고 해서 간 거잖아. 왜 엄마 핑계를 대니?"

🧒 "아냐, 엄마가 가라고 했잖아."

엄마는 대화가 이렇게 진행되면 안 된다는 사실을 깨달았다. 그래서 마음을 가다듬고 다시 말하기 시작했다.

👩 "숙제가 많이 어렵구나. 학원에 가기 싫은 마음이 들 정도야?"

🧒 "응, 가기 싫어."

⇒ 학원 가기 싫은 마음이 아니라, 그 원인이 되는 숙제가 어렵다는 사실에 초점을 맞추는 것이 중요하다. 그래야 숙제를 쉽게 하고 싶은 긍정적 의도를 찾기가 수월해진다.

👩 "숙제가 쉽게 풀리기를 바라는구나."

🧒 "응, 숙제가 왜 이렇게 어려운지 모르겠어. 좀 쉬우면 금방 다 할 텐데."

⇒ 숙제를 잘하기를 바라는 아이의 긍정적 의도를 읽어주니 대화의 방향이 확 달라졌다. 엄마는 범수가 자신의 마음을 더 잘 깨닫도록 도와주기 위해 한 번 더 말한다.

"우리 범수는 숙제를 정말 잘하고 싶구나. 기특하다. 훌륭해."

엄마는 더 이상의 말을 아끼기로 했다. 이제 엄마의 말 덕분에 자신의 마음을 깨달은 범수가 어떤 식으로 생각을 정리해가는지는 범수의 몫이다. 분명한 것은 이런 대화를 하고 나면 대부분 아이가 부정적인 결론을 내리지 않는다는 점이다. 자신이 짜증내고 학원도 안 가겠다고 말한 것이 정말 공부가 싫어서가 아니라, 숙제를 잘하고 싶은데 잘 안 되기 때문이라는 긍정적 의도를 스스로 깨달은 아이는 그 마음을 키우는 쪽으로 생각한다. 학원 시간이 다 되어가니 엄마의 마음도 초조하지만 그래도 범수의 몫으로 남겨두기로 한다. 1~2분 동안 엄마가 아무 말 안 하고 기다려주자 범수가 먼저 입을 연다.

"엄마, 오늘만 나 숙제하는 거 노력했는데 어려워서 못 했다고 선생님한테 말해주면 안 돼요? 그냥 안 해가면 하기 싫어서 안 할 줄 알고 혼나고 나머지도 해야 된단 말이에요."

힘겨운 아이의 마음이 느껴진다. 엄마는 아무 망설임 없이 아이에게 말한다.

"걱정하지 마. 네 말대로 엄마가 선생님께 부탁할게. 그런데 나머지 공부에서 빼달라고 하는 건 좀 고민이 되네. 엄마 마음은 그렇게 말하고 싶은데, 학원 규칙이라 너만 특별히 봐달라고 하는 게 어떨지 모르겠어. 어떡하지?

"그럼 오늘 수업 듣고 나면 숙제 밀린 거 좀 쉽게 할 수 있을 테니까 다음 시간 숙제까지 다 해가겠다고 말해주세요."

"좋은 생각이다! 그런데 그 말은 네가 직접 해보면 어떨까? 엄마가 부탁하는 것보다 그게 더 멋있을 것 같아. 선생님도 네 마음을 더 잘 이해해주실 것 같고. 정 힘들면 엄마가 해줄게."

범수는 잠시 생각하더니 자기가 말해보겠다며 집을 나섰다. 숙제하기가 힘든 범수와 엄마의 대화가 잘 마무리되었다. 엄마의 좋은 대화 덕분에 잘 자라고 있는 범수의 마음이 보이지 않는가.

06

사랑하는 아이를
학원 중독으로 이끌지 않기를

엄마의 잘못된 신념이 아이 공부를 망친다

아이를 키우는 엄마로서 사교육에 대해 어떻게 생각하는지 미리 점검하기 바란다. 사교육은 아이를 키우는 데 매우 큰 영향을 준다. 단순히 교육의 문제가 아니라 그에 따른 경제적 비용을 감수해야 하고, 엄마 아빠의 교육 가치관이 달라서 일어나는 갈등도 유발한다. 학원을 보내면서 아이와 엄마가 행복하게 지내야 하는 시간이 모두 희생되며, 엄마의 인생은 아이를 학원에 보내는 도우미로 전락한다. 아이를 키우는 일 중에 가장 중요한 부분을 차지하는 것이 아이를 '학원 시간에 맞추어 보내기'가 되어버린다는 뜻이다. 소중한 아이와의 대화에서 가장 큰 부분을 차지하는 것도 학원 숙제가 된다.

사교육이 우리 인생에 너무 깊이 침투해 있다면, 이제 사교육에 관해 엄마가 어떻게 생각하는지 점검해봐야 한다. 사교육 광풍에 휘둘리고 있는 것은 아닌지, 효과적이고 현명하게 사교육을 활용하고 있는지 평가하는 것이 중요하다. 중고등학생 학부모를 만나면 제일 안타까운 것이 돈은 돈대로 쏟아 붓고 있는데도 별 효과도 없는 학원을 그래도 다녀야 한다고 생각하고 어쩔 줄 몰라 하는 경우다. 학원마저 안 다니면 게임에 빠져버리거나 나쁜 짓을 하게 될까 봐 걱정한다. 이는 악순환이다. 과연 사교육은 대부분 엄마가 막연하게 믿고 있는 것처럼 정말 효과적일까?

한국교육개발원이 실시한 '2019 교육여론조사'에 따르면 유·초·중·고 학부모(969명) 중 97.9%(949명)가 자녀에게 사교육을 시킨다고 답했다. 학부모들이 자녀에게 사교육을 시키는 이유는 "남들이 하니까 심리적으로 불안해서(20.9%)", "남들보다 앞서기 위해서(20.5%)", "학교 수업을 잘 따라가지 못해서(17.9%)", "더 높은 수준의 공부를 위해서(17.4%)"의 순서로 나타났다. 2~3년 전과 비교해 사교육 실태가 "심화됐다"는 응답은 29.3%에서 42.5%로 늘어났다.

학부모들이 이렇게 사교육을 벗어나지 못하는 이유는 공고한 학벌주의 의식과 맞물려 있는 것으로 보여진다. 한국 사회의 학벌주의가 "큰 변화 없을 것"이라는 응답은 58.5%이며, "심화될 것"이라는 응답은 20.5%로 응답자의 79.0%가 학벌주의 풍토가 더 심해질 것으로 예견하고 있다는 의미가 된다.

세계 유수의 대학들이 인공지능 시대의 패배자를 만드는 강의의 시대가 끝났음을 인정하고 책 읽고 토론하고 글쓰는 교육과정을 핵심으로 삼고 있다. 좋아하는 것을 하며, 자신의 마음이 이끄는 대로 실험하고 친구를 찾고 아이디어를 만들어 가라고 조언하고 있다. 그럼에도 불구하고 우리는 여전히 부모세대가 공부한 방식을 그대로 전수하여 'in 서울 대학'에 진학하는 걸 지상최대의 과제로 삼고 있다. 자신의 생각을 발전시켜 새로운 깨달음을 얻는 공부와는 더 멀어지고 있다. 단순히 사교육에 의존하는 부모의 의식문제만은 아니다. 사회 문화적 인식의 수준을 대변하고 있는 것으로 이해하는 것이 맞을 것이다.

정말 이대로 괜찮을까? 온라인 수업에서 아이 스스로 학습하는 능력이 어느 정도인지 충분히 파악했을 것이다. 여기서 가장 중요한 부분은 스스로 주도적인 공부는 하지 못하고 사교육에 대한 의존성만 높아지고 있다는 사실이다.

"혼자 공부하기는 불안하다", "혼자서는 도저히 공부할 수 없다"고 말하는 아이가 많아지고 있다. 성공적으로 아이를 키운 부모들은 혼자 공부할 줄 모르면 소용없다고 강조하고 있는데도, 사교육에 아이의 교육 전부를 의존하는 엄마 탓에 아이는 점점 혼자 하는 공부에 자신감을 잃는다.

아이가 태어나면 자신은 사교육 같은 것은 절대 하지 않으리라 맹세하는 사람이 많다. 하지만 실천하는 엄마는 드물다. 아이가 4~5살까지는 소신을 지키다 옆집 아이가 사교육을 통해 한글을 줄줄 읽는 것을 보는 순간 신념은 한순간에 무너져버린다. 한글을 줄줄 읽는 아이는 아이의 성향과 엄마가 제공한 양육 환경에 의해 타이밍이 잘 맞은 것뿐이다. 실제로 1년 이상 비싼 한글 교재로 교육했지만 한글을 깨치지 못하는 아이도 수두룩하다. 하지만 아이가 교재를 따라가지 못한다는 사실을 발설하는 엄마는 드물다. 사교육업체는 성공한 사례만 엄청나게 홍보한다. 소신과 신념을 지키려던 엄마까지 뿌리째 뒤흔들어버린다.

학원 중독이 심해지는 엄마와 아이들

중요한 것은 부모도 아이도 학원 교육에 중독되어가고 있다는 사실이다. 잘 가르친다고 소문난 선생님의 수업으로 성적이 올랐다는 소리를 들으면 귀에 꽂힌다. 그래서 더욱 신뢰하게 된다. 옆집 아이가 어떤 학원에 다녀서 성적이 조금이라도 오르면 당장 그 학원을 보내야 할 것 같은 유혹을 느낀다. 이상한 것은 학원 교육으로 성적이 오르는 경우가 그렇게 많지 않은데도 늘 휘둘린다는 점이다. 아이는 어떤 영향을 받고 있을까? 아이에게서도 이상한 현상은 나타난다. 성적이 떨어지자 엄마가 아이에게 호통을 친다.

"학원 다 때려치워!"

평소 학원을 줄여달라고 애원했던 아이에게 반가운 말이어야 하지만 아이의 반응은 전혀 그렇지 않다. 엄마에게 매달리며 학원에 열심히 다니겠다고 말한다. 아이에게 물어보았다. 정말 다니고 싶은지, 아니면 엄마가 소리치니 겁나서 그렇게 말한 것인지. 아이의 대답은 의외다.

"학원에 안 다니면 어떡해요. 저도 잘하고 싶단 말이에요. 엄마가 저 진짜 포기하면 어떡해요. 학원 안 다니면 공부도 못하잖아요."

아이의 말속에는 꽤 꺼림칙한 생각이 자리 잡고 있다. 공부를 잘하기 위해서는 학원에 다녀야 한다는 공식이다. 이것이 심해지면 이제 학원 중독증 같은 증상이 나타난다. 형편이 어려워 학원을 못 다니게 된 아이가 이유 없이 불안하고 종종 배가 아프다. 성적이 떨어질 것이라 불안해하고 실제로 성적도 떨어진다. 엄마는 더하다. 아이를 학원에 못 보내면 당장 내 아이만 뒤처질 것 같은 불안감에 잠을 이루지 못한다. 아이 학원 하나 더 보내기 위해 아르바이트를 한다는 말이 고전처럼 느껴질 정도로 엄마가 애쓰는 마음은 절절하다. 어쩌다 이렇게까지 되어버렸을까? 학원 중독 증상을 보이는 엄마와 아이를 관찰해보면 학원 중독으로 빠지는 일련의 단계가 있다. 혹시 이런 단계를 밟고 있는 것은 아닌지 점검해보자.

1단계	처음에는 호기심, 기대, 혼자만 안 다니는 데 대한 불안감, 주변 권유 등의 이유로 반신반의하면서 시작한다. 학원 교육에 반대하지만 함께 놀 친구가 없어서 할 수 없이 보내는 경우도 여기에 해당한다.
2단계	학습이 아닌 예체능으로 사교육을 시작한다. 그래도 학습 학원에는 보내지 않는다는 자부심을 지키는 것으로 위안 삼는다.
3단계	학원 정보에 예민해진다. 누가 학원 교육으로 좋은 성과를 냈다는 말을 들으면 그 말이 진실로 믿어지기 시작한다. 아이가 어떤 학원에 가면 좋을지 정보를 모으고, 학원 교육의 효과를 맹신하기 시작한다.
4단계	학원에 안 가면 불안하고 초조해진다. 어떻게든 학원에 보내기 위해 온갖 방법을 모색한다. 학원에 다녀야 안심이 되고 성적을 올리려면 더 많은 학원에 다녀야 한다는 신념을 갖게 된다. 공부하고 노는 것에서 인간관계를 맺는 것까지 학원 교육 안에서 이루어진다.
5단계	유아기에서 대학생활이 끝나고 취업할 때까지 20여 년 이상을 학원 교육에 돈과 몸과 마음을 다 바친다.

사교육보다 더 중요한 것은 아이와 함께 노는 시간이다. 아이가 편하게 쉬고 뒹굴다 뭔가 궁금해져서 이것저것 책도 보고 만들기도 하는 시간이며, 웃고 즐겁게 숙제하고 공부하는 시간이다. 잠도 푹 자야 한다. 아이들에게 충분한 휴식과 수면이 필요한 이유가 있다.

아이에게 10개의 무의미한 단어를 외우게 한다. 그다음 잠을 자고 나서 기억하는 단어의 개수와 계속 깨어 있는 상태에서 기억하는 단어의 개수는 어떻게 차이가 날까? 일반적으로 생각하면 자고 나면 더 많이 잊어버릴 것 같지만 연구 결과는 전혀 그렇지 않다. 오히려 충분히 수면을 취한 경우 더 많이 기억한다. 휴식과 더불어 잠을 푹 자게 하는 것도 엄마가 아이를 위해 해주는 중요한 역할이다.

또 한 가지, 유아기 사교육의 선두 주자는 영어교육이다. 아이의 영어교육에 대해 어떻게 생각하는가? 남들처럼 지금 같은 방식의 사교육에 아이를 무방비로 노출해도 괜찮을까? 신경과학자 서유헌 교수는 뇌 발달 측면에서 조기 영어교육은 오히려 부작용이 크다고 지적한다. "모국어도 소화하기 힘든 유아 시기에 언어를 담당하는 측두엽에 외국어가 들어오면 학습은 커녕 스트레스가 될 확률이 매우 높다"며 "보통 뇌의 발달이 모국어와 외국어를 동시에 학습할 수 있는 시기, 적어도 초등학교 진학 후에나 외국어 습득이 효과를 볼 수 있다"고 강조한다.

학원 중독, 절대 금지!

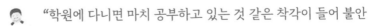 "학원에 다니면 마치 공부하고 있는 것 같은 착각이 들어 불안

감이 덜해요."

"어려서부터 아이가 학원에 의지해와서 혼자 공부하는 능력이 없어요. 학원을 끊으면 뭘 해야 할지 전혀 모른 채 멍하니 앉아 있어요. 학교에서 제대로 공부한 적이 없고요."

이렇게까지 학원에 의존해서 공부하면 아이는 성숙한 성인으로 사회생활을 잘할 수 있을까? 사교육을 열심히 한 아이가 영재교육원에 들어가고 명문대에 입학했다는 말을 들으면 사교육을 시키고 싶은 생각이 들지 않는 것이 오히려 이상하다. 하지만 과연 그렇게 공부한 아이가 사회인으로 어떻게 능력을 발휘하는지 경제학자 우석훈 박사의 말을 통해 생각해보자.

"제가 어떤 중고등학교에서 조사해보니까 한 반에서 3분의 1가량이 삼성전자에 입사하는 것이 꿈이라고 하더군요. 저로서는 그런 학생들은 꿈이 없다고밖에 할 수 없어요."

그렇다면 그 아이들이 가고자 하는 삼성전자는 아이들의 꿈을 달갑게 받아줄까? 전혀 그렇지 않다. 그들도 엄마표 귀공자들은 사절한다.

"몇 년 전에 삼성에 있는 사람을 만났는데, 자신들은 정치인이나 시민단체와 싸우는 법은 알겠는데 직원의 부모는 어떻게 해야 할지 모르겠다고 하더군요. 신입 직원의 어머니가 전화해서 '우리 아이가 힘들어 출근을 못 하니 이해해달라'고 했다는 거예요. 저는 그런 직원은 미안하지만 기억해뒀다 나중에 자르라고 했어요. 안 그래도 그럴 생각이라더군요."

그는 엄마의 보살핌으로 양성된 서울 대치동 학원가 인재들이 어떻게 망가지는지 대학에서 확인했다고 한다. 그가 보기에 그들의 한계는 대학 1학년까지다. 2학년부터는 일반계 고등학교 출신이 특목고 출신보다 높은 학점을 받기 시작하고, 4학년이 되면 농어촌 고교 출신이 상위권을 형성한다. 학원의 힘으로 대학까지는 갔지만 현실에서 필요한 능력은 전혀 키워지지 않았기에 한계에 부딪힌다. 좋은 대학을 나오고, 좋은 회사에 입사까지 성공했지만 작은 어려움에 부딪혀 그만둬버리고 아무것도 안 하고 있어 부모 속이 터진다는 사례가 심심찮게 들려온다. 우석훈 박사의 마지막 한마디는 어린아이를 키우는 엄마가 꼭 기억하면 좋겠다.

> 대치동 학원 원장이 그러더군요. 자기가 만든 애들은 30살 정도까지는 버티겠지만 그다음부터는 힘들 거라고. 아는데도 목구멍이 포도청이라 어쩔 수 없이 가르치고 있다고 하는데, 나쁜 사람들이란 생각밖에 안 들어요.
>
> – 우석훈의 《1인분 인생》(우석훈 지음, 상상너머, 2012) 특강 중에서

김태일 고려대 교수의 연구에 의하면 사교육을 받은 집단과 받지 않은 집단의 내신 성적, 수능 점수, 대학 학점을 비교 분석한 결

과 사교육을 받지 않은 집단이 사교육을 받은 집단에 비해 모든 영역에서 더 높은 점수를 얻는 것으로 밝혀졌다(〈사교육의 효과, 수요 및 그 영향요인에 관한 연구〉 한국교육개발원, 2004).

연세의대 정신건강의학과 명예교수 고경봉교수는 이렇게 지적한다.

"학원 중독에 걸린 학생은 스스로 문제를 해결하는 능력을 상실한 상태다. 잘못하면 전인적 성품을 갖춘 어른으로 자라지 못할 수도 있고 사회적으로도 큰 부작용을 낳을 것이다."

그래도 한편으로는 우리 아이가 대기업에 입사하면 얼마나 좋을까 하는 생각이 든다면 이런 이야기도 있다. 국내 최고라 일컫는 회사의 부장님과 가족 이야기다. 부러울 만큼의 연봉을 받는 부장님과 그 가족은 별로 행복하지 않다. 아빠가 밤낮없이 일해서 번 연봉의 3분의 2를 사교육비로 지출한다. 두 아이는 공부에 지쳐 정서적인 문제가 나타나 따로 상담까지 받는다. 엄마는 아이가 좋은 대학에 진학하지 못할까 불안해서 안달이다. 다행히 괜찮은 대학에 입학해 그동안의 노력에 보상받았다고 생각하지만, 이제는 졸업 후 진로에 대해 고민을 떠안고 또 노심초사한다. 대기업 입사를 꿈으로 삼는 아이가 있다면, 이미 그 생활을 하고 있는 사람은 행복해야 한다. 그런데 현실은 그렇지 못하다. 이 악순환의 구조에 애초에 끼어들지 않기를 바란다.

아이가 정서적으로 문제가 있어 상담을 받는 경우에도 엄마가 궁극적으로 걱정하는 것은 아이의 공부이다. 학원에 성실하게 다니는 우리 아이가 왜 성적이 오르지 않는지 궁금해한다. 지금 중학생인 아이는 초등학교 1학년 때부터 아침 일찍 학교에 갔다가 오후에 집에 오면 잠깐 간식을 먹고, 다시 학원 차에 몸을 싣는다. 두세 군데 학원을 다녀오면 어느새 저녁 7~8시가 된다. 중학생이 되니 귀가 시간은 밤 11시로 늦어졌다. 남은 시간은 학교 숙제, 학원 숙제를 하기에도 빠듯하고 잠이 모자란다.

그런데도 성적이 좋아지지 않는 이유는 확실하다. 수동적으로 받아 적기만 하는 공부는 진짜 공부가 되지 않는다. 배운 것을 스스로 생각하고 익히는 과정이 없으면 그야말로 한 귀로 듣고 한 귀로 흘려버린다. 그래도 듣다 보면 건지는 것이 있을 거라 믿고 싶겠지만 아예 듣지도 않은 채 멍하니 시간을 보내는 경우도 많다는 것을 고려한다면, 그야말로 밑 빠진 독에 물 붓기다.

직장 엄마를 위한 방과 후 시간

아이를 다른 곳에 맡길 때는

전쟁 같은 아침은 그래도 엄마가 어떻게든 하면 된다. 하지만 직장 엄마에게 더 큰 장벽은 엄마가 퇴근하기 전까지 아이의 방과 후 시간이다. 직장 엄마가 퇴사를 고민하게 되는 첫 번째 시점이 아이를 출산했을 때라면 두 번째는 아이가 학교에 입학할 때다. 영유아 시기에는 어린이집과 아이 돌보미 등을 통해 그런대로 무사히 지냈지만, 학교에 입학하면 일을 그만두고 아이를 돌봐야 할 것 같은 위기감이 든다.

하지만 분명히 말하지만 딱 1년만 잘 견디기 바란다. 그동안 아이는 학교생활에 적응할 것이고, 일하는 엄마의 자녀로서 살아가는 새로운 방법을 터득할 것이다. 준비물을 챙기고 숙제와 공부를 봐주는 일은 조금만 익숙해지면 그리 어렵지 않다. 오히려 일하는 엄마를 보면서 아이가 배우는 것도 무척 크다. 혼내고 다그치지만 않으면 서로 위로하고 힘이 되어주면서 아이와 함께 커갈 수 있다.

아이가 방과 후 시간을 어떻게 보내게 할지 고민해보자.

조금씩 제도적으로 개선되고 있기는 하지만 여전히 아이를 엄마 대신 안전하게 돌봐줄 기관은 드물다. 그래서 방과 후 교실, 방과 후 돌봄교실, 지역 아동센터, 베이비시터, 조부모님, 학원 등을 맴돌며 아이가 엄마가 퇴근할 때까지 버텨야 한다. 어떤 방법이든 아이를 죽 돌봐주는 곳은 별로 없다. 그래서 계속 아이를 안전하게 맡기기 위해 이리저리 좌충우돌한다.

일단 아이를 안전하게 보호하는 것이 우선이다. 아이를 맡기는 입장이라고 해서 '을'처럼 굴지 않기를 바란다. 아이는 엄마 혼자 보호해야 하는 대상이 아니다. 엄마가 직접 돌보지 못하면 사회 전체가 아이를 보호해야 한다. 마치 죄인처럼 부탁하는 자세는 지양하자. 이제 아이를 돌봐주는 분들과 아이에게 무엇이 필요한지 알아볼 차례다.

돌봐주는 분에게 감사 전하기

아이를 잘 돌봐달라고 요구하고 싶은 것이 더 많겠지만, 조금 부족해도 애쓰는 분들께 감사함을 전하는 말은 매우 중요하다. 그래야 아이를 돌보는 분의 마음이 평화로워진다. 건의할 것은 건의하고 감사할 것은 감사하자.

개선점 제안하기

아이를 맡아주시는 분에게 개선점을 제안하자. 초등 돌봄교실
이 점점 확대되고 있다. 이미 맞벌이 부부가 이렇게 많은데 진
작에 만들었어야 할 제도다. 아직 시행 초기라 미숙한 점이 많
다. 초등 돌봄교실에 아이를 맡긴다면 개선해야 할 점을 많이
발견할 것이다. 적극적으로 개선 방안을 건의하자. 따지고 비
난하는 것과 개선점을 제안하는 것은 많이 다르다.

아이 마음 돌보기

아이의 마음을 돌보는 일은 여전히 부모의 몫이다. 아이를 다
른 곳에 맡길 때 아이를 돌봐주는 선생님이나 조부모님이 아
이의 마음까지 잘 보살피는 분이라면 정말 감사할 일이다. 하
지만 그러지 못한 경우가 더 많다. 그러므로 저녁에 아이와 대
화를 나누면서 아이가 부모를 기다리는 시간 동안 무엇이 힘
든지 들어야 한다. 기다리는 동안 힘들었을 아이의 마음을 다
독여주자. 엄마도 아이가 보고 싶었음을 말해주고, 엄마 없이
잘 견딘 아이를 칭찬하는 것도 필요하다.

주의 깊게 살피기

방과 후 시간을 보내고 엄마를 만났을 때 아이의 표정과 몸 상태를 주의 깊게 살피자. 아이는 밖에서 있었던 좋지 않은 일을 전부 다 엄마에게 말하지 않을 수도 있다. 이상하게 공격적이거나 잘 울거나 뭔가 평소와 다른 모습을 보이면 잘 다독이고 난 다음 아이가 말할 수 있도록 도와주자.

"뭔가 속상한 일이 있는 것 같아. 어린이는 엄마한테 다 말해야 하는 거야. 엄마는 무조건 네 편이야. 무슨 말이든 다 괜찮아. 엄마가 지켜줄게."

이런 말을 자주 들려주는 것이 좋다.

숙제와 공부 돌보기

퇴근 후 아이를 가르치고 보살피는 일이 너무 힘들다 보니 숙제와 공부도 아이를 맡긴 곳에서 해결하기를 바라는 마음도 있다. 만일 그게 가능하다면 감사한 일이지만 그래도 엄마의 역할은 남는다. 아이가 숙제를 다 해놓거나 공부를 더 하고, 만들기를 하거나 새로운 뭔가를 배우면 그것에 관심을 표현하고 격려하고 지지하는 일은 온전히 부모의 몫이다. 아이는 다른 사람이 아무리 칭찬해도 결국 엄마에게 칭찬받고 싶다.

저녁:
사회적 거리두기로 가정에서
놀아줄 시간이 많아지고 있어요

01

엄마와 함께하는
행복한 놀이 시간

유아기는 많은 것이 결정되는 시기다. 공부를 좋아하는 아이 /
공부를 싫어하는 아이, 배우기를 즐기는 아이 / 배우는 것이 귀찮고
힘들기만 한 아이, 우리 아이는 어느 쪽으로 나아가고 있는가? 만
약 아이가 공부라는 말만 나오면 고개를 돌려버린다면 글자 하나
를 더 알게 하거나 덧셈 하나 더 맞추게 하려는 노력보다 더 중요
한 것은 방향을 바꾸는 일이다. 이미 아이가 배우기를 싫어하는 쪽
으로 나아가고 있다면, 놀면서 배우는 데 대해 고민해봐야 할 때다.

교육에서 최고의 자리를 차지하고 있는 유대인의 놀이는 창의
력을 매우 중요시한다. 다양한 재료를 자유롭게 다루고 만지며 궁
금증을 갖고 질문한다. 아이의 질문은 정말 다양하다. 우리가 굳이
유대인의 교육에서 배우지 않아도 아이의 말을 귀 기울여 듣기만

한다면 얼마든지 창의적인 생각을 발전시켜 나갈 수 있다.

아이의 질문만큼 창의적이고 온갖 영역을 섭렵하는 질문이 또 있을까? "해는 왜 맨날 같은 쪽에서 떠요?"라는 과학적 질문에서 "엄마는 왜 이렇게 나한테 공부시키려고 노력해요?"라는 철학적 질문까지 무엇이든 물어본다. 만약 아이가 왜 자동차 바퀴는 둥그냐고 질문한다면 어떻게 대답해주겠는가? "동그래야지 굴러가지! 네모가 어떻게 굴러가니?"라며 아이를 면박 주지 않기 바란다. 너무나도 당연하기에 말도 안 되는 소리라고 말하지 않기를 바란다.

"정말? 왜 그럴까? 왜 다른 모양의 바퀴는 만들지 않았을까?"

서로 질문하고 자기 생각을 토론하는 과정을 통해 아이는 창조적인 생각을 키워간다.

글자를 8살이 되어 가르쳐도 교육에서 세계 1위를 차지하는 핀란드에서는 자기만의 방식대로 자유롭게 놀수록 집중력과 책임감이 높아진다는 믿음으로 아이를 놀게 한다. 아이가 무엇을 하고 놀지 스스로 선택하고 자유롭게 놀이를 전개해간다. 물 흐르듯이 자연스럽게 생각의 흐름을 따라가는 놀이여야 아이가 더 많이 생각하고 더 많이 배우는 강한 원동력이 된다는 믿음으로 아이를 가르친다. 여기에 우리가 생각하고 배울 점이 있다.

당신은 아이가 자기만의 방식으로 자유롭게 놀게 하고 있는가? 엄마가 놀이 자극을 줄 수는 있지만 그다음은 온전히 아이의 몫으로 남겨두는 것이 중요하다. 무엇을 선택하고 어떤 생각을 하고 어떤 엉뚱한 발상을 해도 아이의 놀이가 흘러가는 대로 놓아두자. 아이의 놀이가 진행될 때 엄마가 할 일은 아이를 지지하고 격려하고 노력을 칭찬해주는 것이다. 아이의 선택에 엄마가 개입하고 생각과 판단을 강요하면 어떻게 될까? 엄마가 아이의 놀이에 지나치게 개입할 경우 어떤 부작용이 있는지 살펴보자.

미네소타 대학교 심리학자 캐서린 보스는 의사결정이 업무 실행에 어떤 영향을 미치는가를 연구하기 위해 실험 대상자를 두 그룹으로 나누었다. 한 그룹의 사람은 세 가지 선택을 요청받는다. 다양한 색깔의 색연필 중 한 개를 고르기, 여러 종류의 티셔츠 중 한 벌을 선택하기, 여러 강의 중 한 곳에 수강 신청하기다. 그리고 나머지 한 그룹은 다음 실험을 기다리기만 했다. 다음으로 두 그룹의 참가자 모두에게 자제력이 필요한 과제를 주었다. 아주 차가운 물에 손을 얼마나 오래 담글 수 있는가 하는 것들이었다. 어느 그룹이 더 오래 담글 수 있었을까? 결과는 이렇다. 선택을 요청받지 않은 그룹이 선택과 의사결정을 내려야 하는 그룹보다 더 오랫동안 손을 담글 수 있었다.

비슷한 다른 연구도 있다. 다양한 선택 사항 중 하나를 고르는 과정이 수학 문제를 푸는 능력에도 영향을 미친다는 것이다. 수학 문제를 풀기 전에 의사결정에 참여한 참가자는 그렇지 않은 사람에 비해 문제풀이 능력이 떨어졌을 뿐 아니라 포기도 쉽게 한다는 결론이 나왔다. 의사결정 과정이 사람들의 에너지를 고갈한다는 의미다.

사소한 일에서 자꾸 엄마가 선택을 요구하는 것이 아이의 자제력에 부정적인 영향을 미칠 수 있다. 아이의 놀이에 엄마가 불필요하게 개입해서 이것저것 요구하고 지시하면 오히려 아이의 발전을 방해한다. 그렇다면 아이를 방해하지 않으면서 잘 놀고도 배우는 방법은 어떤 것이 있을까?

아이들이 좋아하는 수학 놀이

초등학교 3학년 지혁이는 5살부터 수학 학습지를 공부했다. 유아기부터 주로 연산과 사고력 수학 등을 공부했는데, 하루 분량의 학습지를 풀고 채점하고 다시 고치는 과정에서 한 달이 채 되기도 전에 '싫어하는 것' 중 1위가 수학이 되었다. 한번 싫다고 새겨진 마음은 변할 줄을 모른다. 싫으니 재미가 없고 재미가 없는 것을 억지로 하려니 잘되지 않는다. 잘되지 않고 자주 틀리니 이제 수학은 세상에서 제일 싫을 뿐 아니라 점점 어렵게 느껴진다. 이제 겨우 3학년이 된 아이가 "수학이 싫어요. 어려워요"라는 말을 달고 산다.

엄마가 수학을 가르치기 위해 들인 공과 노력에 따라 얻은 것은 이뿐만이 아니다. 아이가 아예 마음의 벽을 쌓아버렸다는 사실이다. 한 번만 더 생각하면 쉽게 풀 수 있는 문제조차도 그냥 틀려버린다. '시험 공포증' 같은 증상이 나타나기 시작한 것이다. 차라리 아무것도 시키지 않고 학교 수업만 배웠어도 이보다 더 나은 점수를 받았을 것 같다. 사랑하는 우리 아이가 왜 이런 악순환을 겪어야 하는가?

현지 엄마도 비슷하다. 모두 학습지로 공부를 시작하니 현지가 5살이 되자 똑같이 시도해보았다. 그런데 아이가 처음에는 흥미를 보이더니 일주일도 지나기 전에 학습지를 거들떠보지도 않았다. 엄마는 아이를 설득하여 가르치려 했고, 아이는 그럴수록 싫다며 도망쳤다. 엄마는 슬슬 수학 공부를 싫어하는 아이에게 화가 나기 시작했다. 결국 아이에게 소리 지르며 화를 내고 다그쳤다. 울며 억지로 연필을 잡는 아이를 보며 그날 밤 엄마는 자신이 한 행동이 무슨 의미인지 곰곰이 생각해보았다. 아이를 가르친 것이 아니라 아이에게 성질만 냈다. 아이가 숫자를 싫어하게 만들었다. 자신은 잘 못 하는 사람이라는 부정적인 자아 개념을 심어주었다. 무엇보다 아이가 엄마에게 상처받았을 테고, 오늘의 기억이 과거의 기억하지 못하는 상처와 더해져 점점 엄마와의 관계에 문제가 생길 수 있음을 깨달았다. 그래서 아이를 질리게 한 학습지를 미련 없이 재활용 통에 넣어버렸다. 아까웠지만 그러다 자신이 또 아이를 다그치게 될까 걱정되었기에 과감해야 한다고 생각했다. 지금 현지는 초등학교 3학년이고 수학을 좋아한다.

현지 엄마는 그때 아이의 학습지를 버리던 심정이 마치 영화

〈명량〉에서 이순신 장군이 겁에 질려 도망친 병사를 잡아다 놓고 할 말 다하게 한 뒤 목을 베는 바로 그 심정이었다고 비유했다. 학습지 한 권 밀쳐내면서 이순신 장군까지 들먹이는 것을 보니, 그만큼 심각하고 비장한 문제였나 보다. 이후 현지 엄마는 아이와 숫자 놀이를 하기 시작했다. 거실의 이쪽 끝에서 저쪽 끝까지 아이의 발걸음으로 몇 걸음인지도 세어보고, 블록의 개수도 세었다. 길을 걷다 눈에 보이는 사물의 이름을 부르거나 끝말놀이가 지루해지면 다시 숫자 세기 놀이를 반복했다.

6살 때는 현지가 초등학생 언니의 구구단 소리를 듣더니 따라 하겠다며 2단도 외웠다. 모두 다 놀이였다. 가로수가 몇 그루인지 세었고, 빵집 앞에서 자신이 좋아하는 빵이 몇 개나 진열되어 있는지도 세었다. 그렇게 세면서 덧셈도 하고 뺄셈도 했다. 집에서 놀 때는 아이가 좋아하는 카드를 세며 놀았고, 다양한 보드게임을 할 때도 숫자를 세며 놀았다. 어쩌면 학습지 3~4장을 푸는 것보다 더 많은 숫자를 세어보고 더하고 빼고 때로는 곱하기도 하였다.

배움이 진짜 놀이가 되는 것과 놀이를 가장한 배움은 분명히 차이가 있다. 가장 중요한 차이는 아이가 느끼는 즐거움이다. 배움이 없는 순수한 놀이는 없다. 다만 가르치기 위해 놀이를 잘못 이용할 때 문제가 생긴다. 배우는 일이 놀이가 되면 아이는 즐겁고 뿌듯하다. 아이들이 모두 그렇게 놀았으면 좋겠다.

세 아이를 모두 명문대에 보내 부러움을 사는 집이 있다. 그 부모에게 아이 교육을 위해 무엇을 했는지 질문하면 늘 똑같은 답이 돌아온다.

"사교육은 꼭 필요할 때 아니면 거의 시킨 적이 없습니다."

사람마다 이해의 정도에 차이가 있으니 좀 더 구체적으로 물어보았다. 중고등학교에 다니는 동안 딱 두 달 다녔단다. 이 정도면 거의 다니지 않은 셈이다.

그렇다면 세 아이가 다 공부를 잘할 수 있었던 비결은 뭘까? 흔히 말하듯이 교과서 중심으로 공부해서? 그렇지는 않았다. 그 부부의 특징은 아이들과 여행을 잘 다니는 것이었다. 아이들이 주도적으로 계획하여 가고 싶어 하는 곳으로 여행을 다녔으며, 늘 수다와 대화와 놀이가 끊이지 않았다. 달리는 차 안에서 엄마 아빠와 함께 혹은 아이들끼리 끝말잇기, 재미있는 수수께끼나 난센스 퀴즈 맞히기, 사물 찾기, 신기한 것 발견하기 놀이 등 시간이 갈수록 아이들이 창조해내는 놀이로 늘 시끌벅적하였다.

아이들은 말놀이에서 끊임없이 지적 자극을 받았고, 다음에는 더 재미있는 퀴즈를 내기 위해 서로 열심히 문제를 찾고 만들었으며, 지지 않으려고 새로운 것을 창조해내었다. 놀면서 배우고 더 잘 놀기 위해 애쓰고 노력하는 과정이 다시 배움이 되어 지금의 결과를 가져왔다.

이런 이야기 들으면 엄마들은 말한다. 그렇게 놀기만 했는데 어떻게 학교 공부를 잘할 수 있느냐고. 그 아이들이 특별하거나 천재이거나 영재가 아니었는지 의심을 품는다. 절대 그렇지 않다. 만약 당신이 이런 방식으로 한다면 아이의 성적이 우수해질 것이다. 이런 놀이가 곧바로 아이에게 진정한 배움이 된다는 사실을 알지 못하거나 왠지 불안해서 믿지 못하는 부모가 돈 들이고 시간 들이면서 아이가 공부하고 배우기를 싫어하도록 만들고 있을 뿐이다.

어떤 질문과 대답이 아이들의 생각을 키우고 언어 표현력을 높여 주었을까? 궁금하다면 다음 질문에 대답해보자.

질문1 누군가 물에 빠졌는데 나는 수영을 하지 못한다면 어떻게 해야 할까?

질문2 집에 가는 길에 지갑을 주웠는데 아무도 보는 사람이 없다면 어떻게 하고 싶은가?

질문3 만약 빨강 신호등에서 7살쯤 된 아이가 혼자 길을 건너려 한다면 나는 어떻게 할 것인가?

정답이 없는 질문들이다. 다시 말하자면 무엇이든 정답이 될 수 있다. 아이마다 자신의 경험과 지식을 바탕으로 자신만의 독특한 대답을 떠올려 말로 표현한다. 물론 객관적으로 더 좋은 아이디어도 있다. 만약 친구의 대답이 나의 것보다 더 훌륭하다고 느끼면 다음에는 자신이 더 좋은 생각을 해내려 애쓰게 될 테니 이런 과정 자체가 아이에게 도움이 되고 배움이 된다. 어떤가? 아이와 이런 대화를 종종 나누어보자. 더 간단한 수수께끼와 스무고개 놀이도 무척 좋다. 이런 놀이는 계속 질문하고 생각하게 한다.

아이들이 좋아하는
배움 놀이

은수의 이야기를 들어보자. 초등학교 2학년이 된 은수는 다른 아이보다 늦된 아이였다. 엄마는 아이가 말도 늦고 신체 움직임도 더딘 것 같아 많이 걱정했다. 학교에서 공부를 잘 따라가지도 못했다. 수학은 늘 60점 아래였으며 국어가 그나마 조금 나은듯해도 제일 잘 받은 점수가 80점이었다. 그래도 다행히 기질적인 문제가 있는 것은 아니었다. 그렇다면 아이가 이렇게 부족한 능력을 보이는 이유는 무엇일까?

은수는 태어나서 약 3~4년 동안 할머니의 손에서 자랐다. 성품이 온화한 할머니 덕에 심리적으로 무척 안정되고 밝은 모습이었다. 대신 할머니는 아이에게 지적인 자극을 주는 일에는 서툴렀다. 그래서 정서적인 안정감은 얻었지만 인지적 자극이 부족했을지도 모른다. 말수가 적은 할머니 곁에서 TV에 자주 노출된 점, 부모의 빠른 출근과 늦은 퇴근으로 아이와 상호작용하는 시간이 부족했다는 점을 생각해보면 아이가 늦는 것이 당연할 수도 있다.

늦은 만큼 빨리 배워야 하지만 이 경우 아이가 스트레스를 받는 방식은 절대 좋지 않다. 급할수록 돌아가라는 말대로 차근차근 하나씩 시작하기로 했다. 엄마에게는 아이가 조금이라도 싫어하는 기색을 보이면 멈추고 아이가 좋아하는 다른 방법으로 바꾸어 하라고 강조했다. 배우는 줄 모르게 배우는 놀이도 계획했다. 더 다양한 놀이가 있지만 한 가지만 잘 알면 얼마든지 응용하여 다양하게 놀 수 있다.

빨간색 찾기 놀이

손잡고 길을 가며 빨간색 찾기 놀이를 한다. 엄마와 아이가 차례로 빨간색 물건을 찾아 이름을 말하는 것이다. 이렇게 하면 10분 정도 걷는 동안 아이가 말로 표현하거나 저건 뭐냐고 질문하는 사물의 개수가 수십 가지가 넘는다. 엄마가 말하고 아이가 듣는 것까지 합치면 10분이라는 짧은 시간 동안 아이는 재미있는 말놀이를 하면서 많은 사물의 이름을 익힌다. 은수는 이 시간을 좋아했다. 이 놀이는 점차 더 발전해서 걷거나 산책하거나 차를 타고 움직일 때도 계속했다.

이 놀이를 응용해보자. 색깔 이름만 바꿔도 10가지 이상의 놀이로 변형할 수 있다. 크기, 모양, 색깔 등 눈에 보이는 많은 사물의 특징을 찾아 찾으며 이름을 말하는 것만으로도 아이의 언어적 경험은 풍부해진다.

스무고개 놀이

스무고개 놀이를 기억하는가? 1950년대 영국 BBC의 라디오 프로그램 〈트웬티 퀘스천스^{Twenty Questions}〉로 유행했고, 우리나라에서 이를 똑같이 모방한 프로그램이 만들어지면서 퍼지기 시작했다. 덕분에 나는 유아기와 초등학교 시절, 바깥놀이를 못 하는 날이면 늘 아이들과 모여 스무고개 놀이를 자주 했다. 한 사람이 어떤 물건을 마음속으로 생각하면, 다른 사람이 스무 번까지 질문해서 그것을 알아맞히는 방식이다. "예, 아니요"로만 대답할 수 있다. 그러니 질문도 "예, 아니요"로 대답할 수 있는 것이어야 한다. 처음 놀이에 참여한 아이들은 무턱대고 질문한다.

> "어디 있어?"
> "큰 거야 작은 거야?"
> "먹는 거야?"
> "살았어?"

그러다 자신의 질문이 규칙에 어긋난다는 사실을 깨닫고, 알아맞히려 무조건 답만 말하다 보면 스무 번의 질문 안에 답을 찾기가 어렵다는 사실을 알아간다. 가장 결정적으로 놀이 선배들의 세련된 질문을 듣고 보면서, 어떻게 논리적으로 질문해가야 하는지 배운다. 그래서 항상 첫 번째 질문은 "생물입니까? 무생물입니까?", "동물성입니까? 식물성입니까?"로 진행되었다. 사고력과 논리력을 그때 배웠을 거라는 확신이 든다.

저녁에는 가족이 함께 보드게임을

유아기의 놀이는 상상놀이가 가능하기에 조금만 놀아주어도 쉽게 놀이 속으로 몰입한다. 하지만 초등학생이 되어 점점 학년이 올라가면 상상놀이보다는 좀 더 발달에 맞는 인지적 자극과 즐거움이 함께하는 놀이를 찾는다. 그렇다고 아이가 원하는 대로 컴퓨터나 스마트폰으로 게임을 할 수는 없다. 아이를 굳이 그런 쪽으로 유도하지 않아도 정신 못 차리게 빠져드는데 부모까지 보태는 것은 바람직하지 않다. 그렇다면 초등학생은 무엇으로 놀면 좋을까?

친구와 어울려 농구나 축구, 자전거 타기도 좋고 얼음땡도 좋다. 단순한 잡기 놀이도 대부분 아이가 좋아한다. 유아기에는 집에서도 아이와 몸으로 놀아줄 수 있지만 아이의 몸집이 커졌으니 더는 몸 놀이는 권하고 싶지 않다. 엄마 아빠의 건강도 잘 돌보아야 한다. 어떤 아빠가 초등학생이 된 아이와도 잘 놀아주어야 한다는 말에 집안에서 공놀이나 씨름을 하다가 아이가 휘두른 팔에 입술이 터졌다. 순간 자신도 모르게 버럭 소리를 질렀더니 아이는 상처받고 아빠도 무안하다. 아이가 커가는데 부모가 변화에 대한 준비가 없으면 이런 상황이 벌어진다. 그래서 저녁 시간에 집에서 가족이 함께할 놀이가 필요하다. 이럴 때 보드게임을 준비하자.

보드게임은 모두 다 좋아한다. 초등학생 아이에게 보드게임은 아주 특별한 느낌으로 다가온다. 적당히 운이 좋아야 하고, 전략을 잘 짜야 하며, 계산을 잘하고, 감정 조절도 잘해야 한다. 규칙을 잘 지켜야 함은 물론이고 자신이 원하는 새로운 규칙을 만들기 위해서는 게임 참가자를 설득시키고 협상할 줄도 알아야 한다. 보드게임에서 요구하는 능력이다. 서툴게 시작한 아이는 서서히 이 능력을 갖추어간다.

초등학생이 해내야 할 심리적 과제가 무척 많다. 수업시간에 조용히 앉아 있어야 하고, 선생님 말씀에 집중해야 한다. 시간에 맞추어 행동해야 하며, 지시어를 듣고 따라 수행하는 능력도 필요하다. 자신의 욕구 충족을 위해 움직이지만, 동시에 다른 사람의 욕구 충족을 방해하는 행위는 규칙에 어긋나고 잘못된 행동이라는 것도 배워야 한다. 아무리 하고 싶은 행동이 있어도 때를 기다리고 참아야 하며, 자신이 원하는 것을 표현할 줄 알아야 하고, 동시에 타인이 원하는 것을 들어주고 조절해야 한다.

부모의 역할은 먹이고 챙기는 일에서 시작하지만, 아이가 커가면 이런 것을 가르치는 역할도 필요하다. 그런데 무엇을 통해 이 많은 것을 가르칠까? 우리가 어떻게 이것들을 배웠는지 생각해보면 실마리를 찾을 수 있다. 정답은 공동체 놀이다. 마을 전체가 아이를 키운 것이다. 공동체 놀이가 거의 사라진 현재, 다시 공동체를 구성하는 운동, 마을을 살리자는 운동은 그래서 큰 의미가 있다. 하지만 그동안에도 아이는 하루하루 커가고 있으니 당장 할 수 있는 놀이를 찾아야 한다. 대안이 바로 가족이 함께하는 보드게임이다.

아이와 '할리갈리'라는 게임을 시작한다. 순서대로 카드를 내려놓다가 카드의 그림에서 같은 과일이 5개가 되면 가운데 있는 종을 먼저 치는 게임이다. 공정하게 종을 먼저 친 사람은 놓여 있던 카드를 다 가져간다. 이렇게 간단한 게임에서 아이는 다양한 모습을 보인다. 카드를 내려놓는 순서를 잊어버리고 계속 다른 사람 차례에 카드를 내려놓는 아이도 있다. 카드를 보지 않은 상태에서 내려놓아야 하는데 먼저 살짝 자기 카드를 확인하는 아이도 있다. 가장 먼저 종을 치기 위해 오른손으로는 카드를 내려놓고 왼손은 종 가까이에 두고 준비하는 아이도 있다. 모든 것이 아이가 일상에서 보이는 행동 패턴과 유사하게 나타나는 것이 신기하다.

게임이 진행될수록 즐겁고 재미있다. 물론 규칙을 어기려는 유혹을 느끼는 아이에게 때로는 제지하고 때로는 잘한다고 격려하며 진행한다. 아이의 나이를 고려하지 않고 엄마 아빠가 너무 열심히 해서 늘 이겨버리면 재미가 없다. 아이가 눈치채지 못할 정도로 적당히 져주면서 격려하는 놀이가 되는 것이 좋다.

유아는 이렇게 간단한 보드게임에서 시작하면 된다. 초등학생이 되면 좀 더 생각하고 전략을 구사하는 게임이나 수학 관련 보드게임을 활용하는 것이 좋다. 게임을 하면서 점수 계산하기를 싫어하는 아이는 없다. 실제로 학습에 도움이 될 뿐 아니라 집중력, 조절력, 순발력 등에 고루 도움이 된다.

무엇보다 중요한 사실이 있다. 바로 가족이 함께 놀고 있다는 점이다. 같이 놀아본 사람이 더 친해지고 애정이 돈독해진다. 아빠를 싫어하는 유아에게 아빠가 싫은 이유를 물으면 가장 많이 나오는 대답이 "나랑 안 놀아주니까"다. 초등학생이 되면 이유가 달라진다. "맨날 잔소리만 하니까"다. 놀기는 노는데 제대로 노는 것이 아니라 잔소리가 많아지기 때문이다. 아이가 규칙을 지키지 않는다면 규칙을 지키도록 말하고 기다려주면 된다. 그다음은 지지하고 격려하는 말로 이어가면 성공이다.

인터넷에서 보드게임을 검색해보자. 아이와 함께 고르고 집에서 설명서를 읽어가며 놀이를 배워보자. 아마도 예전에는 경험하지 못한 일이 벌어질 것이다. 보드게임을 통해 놀이의 즐거움, 인지적 자극, 좋은 가족 관계를 모두 다 얻을 수 있음을 다시 강조하고 싶다.

03

아이의 내일을
준비하는 시간

하루가 끝날 무렵 '내일을 준비하는 시간'을 정해보자. 숙제와 놀이도 끝나고 이제 잠자리에 들 시간이다. 자고 나면 또다시 새로운 하루가 시작된다. 하루를 행복하게 시작하기 위해서 잠자기 전에 꼭 할 일이 있다. 바로 내일을 준비하기다. 아이의 준비물을 다음 날 아침에 챙겨본 엄마는 알고 있다. 아침에 뭔가를 준비하면 하루의 시작이 엉망이 되고 그 여파가 하루 전체에 영향을 미친다. 공연히 어수선하고 정신없는 하루를 보내게 된다.

현진이 엄마는 어릴 적부터 준비물을 제대로 챙길 줄 몰랐다. 덤벙거리는 성격 탓이기도 했지만 애초에 엄마가 자신에게 그런 것을 가르쳐주지 않았기 때문이다. 그래서 그녀의 학교생활은 늘 친구에게 준비물 빌리기로 시작했고, 빌리지 못하는 날은 선생님에게 혼이 나고 벌을 서거나 수업시간에 불편을 겪어야 했다. 학창 시절 내내 그랬다. 나중에 성인이 되고 직장생활을 하면서 중요한 회의에서 실수하고 혼쭐이 나는 경험을 아프게 하면서 서서히 고칠 수 있었다. 그래서 현진이 엄마는 현진이가 유치원에 다니면서부터 알림장 챙기는 일만은 제대로 해야겠다고 다짐했다.

그런데 엄마가 알아서 열심히 챙기니 아이는 자기 준비물 챙기기에 관심이 없다. "엄마, 다 챙겼지?" 하고 확인만 한다. 알림장을 가방에 넣으라고 하면 "엄마가 넣어줘"라며 떠맡긴다. 이래서는 안 되겠다 싶어 아이가 초등학교에 들어가면서 현진이에게 다짐했다.

"초등학생은 자기 알림장과 준비물을 스스로 챙기는 거야. 엄마가 도와줄 테니 잘해보자."

아이는 건성으로 알았다고 대답했다. 한 번 말했으니 성공적으로 해야겠다 싶은 생각에 아이와 내일을 준비하는 시간을 만들었다. 미리 구입해야 할 준비물은 낮에 아이와 함께 사두기로 했다. 저녁 시간에 다시 알림장을 보며 내일 하루의 준비물도 챙기고 내일 할 일에 대해 함께 이야기를 나누는 방법이었다.

"엄마는 내일 할머니 댁에 갈 거야. 감기 걸리셨다는데 한번 뵈러 가야겠어."

"난 학교 가야지."

"학교에서 특별히 할 일은 없어? 친구에게 말할 거나 선생님께 부탁할 거 없어?"

🧒 "없는데……. 아, 있다! 친구 한 명이 자꾸 수업시간에 편지를 보내는데 그거 하지 말라고 말해야겠다."

👩 "쪽지?"

🧒 "응, 학교 끝나고 뭐 하자 이런 거. 걔는 자꾸 수업시간에 편지를 보내. 전에 그러다 선생님한테 혼났는데 계속 그래. 그러지 말라고 해야겠어."

👩 "편지를 언제 보내라고 하면 좋을까?"

🧒 "응? 아! 쉬는 시간에 달라고 하지 뭐."

엄마와 아이가 함께 웃는다. '이렇게 시시한 게 내일 할 일이야?' 라는 생각은 하지 않기 바란다. 지금 아이는 아주 중요한 일을 계획하고 있다. 친구 관계에서 일어나는 문제에 분명히 거절의 의사를 표현하고, 엄마의 도움으로 서로에게 도움이 되는 방법까지 생각했다. 이런 방법을 사용한다면 분명 친구와 앞으로 좋은 관계를 유지할 것이다. 게다가 친구가 수업에 집중할 수 있게 도와주었다.

사소한 행동이 큰 방향을 결정지을 때가 많다. 아이의 내일 계획이 수학 공부, 학원, 영어 공부보다 더 중요하다. 이런 행동을 계획하는 것부터 해야 공부를 계획하는 일도 모두 다 가능하다. 내일 할 일을 마음에 떠올리고 대화를 나누는 것만으로도 그 행동을 실천할 가능성이 무척 높아진다. 계획을 글로 써두면 성공 확률은 훨

썬 더 높아진다. 글로 남겨두는 일이 왜 중요한지 살펴보자.

글쓰기의 막강한 힘

1953년 미국 예일 대학교에서 졸업반 학생을 대상으로 한 특별 조사가 있었다. 질문의 내용은 "목표를 명확하게 써두고 있는가?"인데, 학생들이 얼마나 확고한 삶의 목표를 가지고 있는지 알아보기 위한 것이다. 조사결과는 이렇다.

아무런 목표도 설정한 적이 없다. 67%
목표가 있으나 글로 적어두지 않았다. 30%
목표를 글로 적어두었다. 3%

20년이 지난 1973년, 사회에 진출한 이들을 대상으로 다시 조사를 했다. 그 결과, 자신의 목표를 글로 썼던 3%의 졸업생이 축적해놓은 재산이 나머지 97%의 졸업생 전부가 축적한 것보다 훨씬 더 많았다. 더욱이 부자일 뿐만 아니라 건강하고 행복감도 훨씬 높은 것으로 조사되었다. 이들 간에는 학력, 재능, 지능 면에서 아무런 차이가 없었음에도 목표를 글로 썼느냐의 여부에 따라 재산, 소득, 사회적인 영향력의 격차가 무려 10배에서 20배 이상 차이가 났다

- 《1%만 바꿔도 인생이 달라진다》(이민규 지음, 더난출판사, 2003) 중에서

사소해 보이는 '목표를 글로 쓰기'가 인생을 어떻게 바꾸는지 조사결과가 말해준다. 물론 목표를 종이에 쓰기만 한다고 무조건 목표를 달성하는 것은 아니다. '종이에 쓰고 매일 집중하는 것'이 중요하다고 성공학자들은 이야기한다.

지금 아이와 나눈 대화를 글로 쓰는 것이 그렇게 큰 영향을 줄까 싶지만, 학자들의 연구를 보면 아주 믿을 만하다. 한 달이나 두 달만 실천해보면 안다. 공책에 기록한 글은 자연스럽게 다시 글을 쓸 때마다 뒤적여보게 된다. 오늘 적은 글은 그냥 말로 한 것보다 아이의 뇌리에 더 강하게 기억된다. 행동으로 옮길 확률도 높아진다. 만약 아이가 어제 계획한 일을 오늘 실천한다면 아이의 내일은 분명 오늘보다 더 성장한 모습일 것이다. 오늘 말하는 내일의 계획은 분명 좀 더 다른 모습을 갖게 될 것이다. 연구 결과를 믿고 한번 따라 해보자.

공책 하나를 마련해서 '내일 공책'이라 이름 붙이고 아이와 내일 할 일에 대해 나눈 대화를 메모해두어도 좋겠다. 글쓰기는 아이가 싫어할 수 있으니 열 번 정도는 아이가 하는 말을 엄마가 받아써주면 좋다. 아이는 방법을 배우고, 자신이 해도 재미있겠다는 생각을 한다. 엄마가 몇 번 시범을 보여주면 분명 아이는 스스로 쓰겠다고 할 것이다. 다음 날 저녁에 실행한 것에는 동그라미 표시를

해주고, 하지 않은 것에 대해서는 다시 이야기를 나누자. 이때 엄마의 역할은 들어주기, 지지해주기이지 왜 안 했는지 다그치는 역할이 아님을 기억해야 한다.

교과서 없이 예습하는 방법

아이가 공부를 좋아하게 하는 방법은 다양하지만, 집에서 엄마가 간단하게 할 수 있는 것으로는 '예습'이 무척 효과적이다. 우선 예습과 선행학습이 다르다는 것을 인식해야 한다. 선행이란 말 그대로 미리 배우는 것을 말한다. 어떤 아이는 1학기분을 미리 공부했다 하고, 어떤 아이는 한 학년을 미리 배운다. 심지어 사교육 광풍에 휩싸인 어떤 엄마는 자기 아이가 초등학교 5학년밖에 되지 않았는데 벌써 중학교 수학을 다 끝냈다고 내세우기도 한다.

사실 그 아이가 걱정된다. 공부에 찌든 아이의 모습이 상상이 되고, 혹시라도 아이가 즐겁게 잘 따라 했다 한들 그렇게 앞서가서 아이가 얻는 것이 별것 아니라는 생각에 씁쓸해진다. 아이는 학교 수업이 재미없어질 것이고, 학교에서는 잠을 자고 공부는 사교육에서 하는 악순환을 겪을 것이다. 그래도 성적만 좋으면 다 된다는 사고는 위험하다. 그동안 아이가 잃는 것도 꽤 많으니 말이다. 교사의 신뢰도, 친구 간의 우정도 무엇 하나 온전하기 어렵다.

또 한 가지 알아야 할 것이 있다. 선행학습에 대한 아이들의 생각은 어른과 무척 다르다는 점이다. 부모는 선행학습이 효과적이고 미리 배웠으니 잘할 거라 믿고 싶지만 현실은 그렇지 않다. 아이들은 선행학습을 부정적으로 인식한다. 어렵고 지루하고 하기 싫다는 말을 많이 한다. 이런 마음으로 아무리 선행학습을 한들 아이에게 얼마나 도움이 되겠는가? 이제 선행학습을 던져버리고 아이와 함께 예습을 하자. 유아기와 초등학교 시기가 청소년기의 학습을 위한 준비 기간이라 생각한다면 예습은 더더욱 중요하다. 하루 5분으로 내일 배울 공부를 예습할 수 있다.

예습의 최고 방법은 목차를 훑어보는 것이다. 내용을 미리 아는 것이 아니라, 목차만 읽고 무엇에 관한 내용일지 짐작해보는 것만으로도 예습할 수 있다. 목차의 내용을 궁금해하고 어떤 내용일지 유추해봄으로써 다음 날 수업시간에 집중력을 높일 수 있다. 좀 더 예습을 잘하고 싶다면 '학습 목표'를 살피면 된다. 각 단원에 어떤 학습 목표가 있는지 한 번 읽어보는 것만으로 예습이 가능하다. 목표를 알고 있으니 자연스럽게 그 부분에 집중하여 듣게 되고, 이해되지 않는 것은 질문하거나 스스로 의문으로 남긴다. 의문점은 또다시 그 내용에 집중하게 한다.

이런 방법이 효과적인 이유를 알아보자. '지하철에서 빨간색 찾기 실험'이 있다. 미국의 어느 지하철에서 실제로 이루어졌던 실험이다. 한 집단의 사람들에게 지하철에 탄 뒤 일정 시간이 지난 다음 지하철 내에 있는 빨간색을 모두 찾아보라고 했다. 또 다른 집단에게는 눈을 감고 '빨간색을 찾아야지'라고 생각하고 나서 눈을 뜨고 찾아보라고 했다. 제한 시간은 같았지만 두 집단의 결과는 크게 차이가 났다. 아무 생각 없이 있던 사람들은 빨간색을 별로 찾아내지 못한 반면, 빨간색을 찾겠다는 생각을 미리 하고 눈을 뜬 사람들은 지하철 손잡이, 광고판, 시트 무늬 등 곳곳에서 빨간색을 훨씬 더 많이 찾아냈다.

이 실험은 자신을 원하는 것을 미리 생각하면 그렇지 않을 때보다 더 눈에 잘 띄고 결국 남보다 먼저 얻을 기회가 늘어난다는 것을 보여준다. 결과적으로 소망을 실현할 가능성이 높아진다. 실험의 목표는 소망 실현에 관한 것이지만, 아이의 예습에 이 이론을 적용해도 적절할 것이다. 예습이 바로 빨간색 찾기와 같은 역할이다. 우리의 감각은 순간순간 선택과 집중을 한다. 예습은 선택과 집중을 하게 하는 효과가 있다. 수업 중에 그 내용에 집중하게 되니 공부가 더 잘되는 것은 당연지사다.

목차 가운데 모르는 단어를 미리 찾아보거나 알고 싶은 것을 기록해두는 것은 더 좋은 방법이다. 처음 시도할 때 아이가 쓰기 귀찮아하면 엄마가 적어주는 수고를 몇 번만 해보자. 아이는 말로 배우지 않고 보고 듣고 경험하는 것으로 배운다. 아이가 말로 하고 엄마가 적어주었는데 다음 날 수업시간에 내용이 귀에 더 잘 들어온 아이는 몇 번 더 엄마의 수고를 지켜보면서 드디어 스스로 쓰겠다고 결심한다. 이 방법이 주는 효과와 엄마에게 고마운 마음으로 자발적 동기가 생겨났기 때문이다.

아이가 학습에 자신감이 부족하다면 쉽게 극복할 방법이 있다. 후행학습이다. 지난 학기 아이가 틀렸던 문제를 모아 정리해두자. 하루에 아이가 부담을 느끼지 않을 정도로 몇 문제만 다시 풀어보게 하자. 분명 다시 공부하지 않았는데도 두세 달 전에 틀린 문제를 맞히는 경우가 더 많을 것이다. 아이에게 자신감을 느끼게 하는 좋은 방법이다.

생각해보라. 내내 나쁜 점수 때문에 주눅이 들어 있던 아이가 자기도 모르는 새에 다 풀 수 있게 되었으니 스스로 얼마나 신기하겠는가? 시간이 주는 선물이기도 하다. 좀 더 엄밀하게 말하면 교과과정은 계속 연결되어 있으니 수업시간에 듣는 것만으로도 전에 부족했던 부분을 채워온 것이다. 지난 과정을 다시 공부하면서 자신감도 얻고 부족한 것을 다시 채우다 보면 앞으로 해야 할 과정은 훨씬 쉽게 받아들인다. 앞으로 공부할 과정에 대한 마음의 준비가 더 잘되는 것이 당연하다.

04

잠자기 전,
행복한 하루의 마무리

오늘 하루 감사한 일, 잘한 일

"진정한 행복은 물질적 풍요가 아니라 긍정적 사고에서 나오는 것."

– 마틴 셀리그먼

아이가 행복해지기 위한 긍정적 사고는 어디서 시작되는 걸까? 셀리그먼이 말하는 긍정심리학의 훈련 방법 두 가지를 배워보자. 첫 번째는 감사 일기다. 매일 밤 잠들기 전 종이 위에 그날 감사한 일 세 가지를 적고 그 이유도 함께 적는 방법이다. 아이에게 감사한 일을 찾아보라고 하면 별로 없다는 말이 제일 먼저 나온다. 왠지 좀 큰일이 생겨야 감사한 마음이 든다고 여기니까 그렇다.

감사란 그런 것이 아니다. 아주 작은 일에서 감사함을 찾는 것이 중요하다. 연필을 빌려준 친구가 감사하고, 미안하다고 사과한 사람이 감사하다. 오늘도 밥을 먹게 해준 부모님께 감사하고, 잘한다고 칭찬해준 어른들께 감사하다. 하나하나 찾아보면 하루 동안 감사한 일이 수도 없이 많다. 감사 일기는 그런 것을 찾아 적는 일이다. 셀리그먼은 6개월 정도 계속하다 보면 어느새 전보다 훨씬 행복해졌음을 실감하게 될 것이라고 했다. 실제로 아이와 함께 경험해보면 한 달도 되지 않아 아이가 무척 긍정적이고 밝아졌다는 것을 알 수 있다.

아이가 감사함을 찾는 일에 부모가 모델이 되면 좋겠다. 부모가 먼저 아이에게서 감사한 일을 찾는 것이다. 오늘 하루 아이가 밥을 잘 먹어주어서 고맙고, 제시간에 학교에 갔다가 건강한 모습으로 집으로 돌아온 것도 고맙다. 밝게 웃어서 고맙고, 형제들과 다툴 때도 있지만 즐겁게 놀 때도 있어서 고맙다. 투정은 좀 부렸지만 힘든 숙제를 그래도 끝까지 잘해내서 정말 감사하다. 엄마가 아이에게 먼저 감사한 일을 찾아주자. '즐거운 나의 집'이 완성된다.

두 번째는 아이가 잘한 점을 찾는 것이다. 아이의 강점을 찾아 말해주자. 엄마의 전문용어에서 강점을 찾는 방법을 이야기했다. 하루가 끝나기 전에 아이의 강점을 찾아 들려주자. 아이의 마음이 부풀어 오르고 내일은 더 좋은 하루, 더 알찬 하루를 보내겠다고 다짐하게 된다. 아무리 강점을 찾는 일이 중요하다고 말해도 아직 아이의 강점이 보이지 않는다면 어쩌면 엄마가 아이에 대해 믿음이 부족한 것일지도 모른다. 아니면 엄마가 아이에게 어떤 존재가 되어야 하는지 뚜렷하지 않아서일 수도 있다. 그렇다면 다음 이야기를 읽어보자.

사회과학에서 가장 야심찬 프로젝트 중 하나로 꼽히는 것이 하와이 카우아이 섬 종단 연구다. 하와이 군도 북쪽 끝에 있는 카우아이 섬은 지금은 신혼여행지로 유명하지만 1950년대만 해도 황폐하기 이를 데 없었다. 주민 대부분은 가난과 질병에 시달렸고, 아이들은 비행 행동으로 얼룩졌다. 주민 대다수가 범죄자나 알코올 중독자 혹은 정신질환자였다.

미국의 소아과·정신과 의사, 사회복지사, 심리학자 등은 1955년에 이 섬에서 출생한 신생아 833명이 18살이 될 때까지를 추적하는 대규모 연구에 착수했다. 심리학자 에미 워너는 그중에서도 특히 더 열악한 조건에 놓인 고위험군 청소년 201명의 성장 과정을 분석했다. 그들은 대부분 심한 학습장애와 범죄 경험을 갖고 있거나 심각한 정신질환을 앓고 있었다. 그런데 그중 3분의 1인 72명은 모범적이고 학교 성적이 우수하며 진취적으로 훌륭하게 성장했다. 어떻게 이런 일이 가능했을까?

이런 결과를 만든 비밀은 단순했다. 이 아이들에게 자기의 처지를 이해하고 믿어주고 편이 되어주고 응원하는 어른이 한 명 이상 있었다. 자신을 믿어주는 한 사람만 있으면 아무리 끔찍한 일이라도 견뎌내고, 밝고 건강한 사회인으로 성장한다는 놀라운 결론이었다. 회복탄력성의 핵심 요인이 바로 이것이다.

회복탄력성은 제자리로 되돌아오는 힘, 시련을 이겨내는 긍정의 힘, 내면의 심리적 근육을 단련하는 도구를 말한다. 아이들은 살아가면서 크고 작은 위기와 시련을 맞게 될 것이다. 우리 아이의 회복탄력성은 어떨까?

《욕심쟁이 거인》의 작가 오스카 와일드는 "우리는 모두 시궁창 속에서 살아가고 있지만, 그중 어떤 사람들은 하늘의 별을 쳐다본다"고 했다. 오늘 하루 감사한 일, 잘한 일을 아이가 잘 찾을 수 있으면 좋겠다. 하루하루 쌓이면 우리 아이는 따가운 햇볕이 싫고 질척질척 내리는 비가 싫다고 말하지 않고, 따스한 햇볕도 감사하고 내리는 비도 감사할 줄 아는 아이로 자랄 것이다. 따스한 햇살 아래에서 자신이 할 수 있는 수만 가지 일을 상상하고, 비가 내리면 무엇을 할지 또 상상하는 아이로 자랄 것이다. 아이의 마음 길을 엄마가 만들어주고 있음을 기억하기 바란다.

하루의 마지막은 책 읽어주기

핀란드 아이들은 8살에 글자를 배우지만 읽기 성적은 세계 최고다. 왜 그럴까? 아기 때는 그림책을 읽어주고, 2살 이후부터는 글자가 좀 더 많은 책을 읽어준다. 대부분 유치원에서는 선생님이 매일 15분씩 낮잠 자기 전에 꼭 책을 읽어준다. 잠드는 아이의 상상이 한껏 펼쳐진다. 어릴 때부터 귀로 책을 읽으며 자라니 언어에 대한 관심과 상상력이 높아진다. 이후 8살이 되어 글자를 배우면 쉽게 익힐 뿐 아니라 성적도 좋다.

책 읽어주기가 중요한 줄은 다 알지만 어떻게 읽어주는가에 대해서는 오해하는 경우가 많다. 글자를 알고 지식을 채우는 것은 저절로 따라오는 이차적인 이득일 뿐이다. 그것을 앞세워 얻으려고 하는 순간 책 읽어주기의 힘은 사라진다.

잠자리에서 엄마가 읽어주는 책은 아이이게 어떤 의미일까? 사랑하는 엄마의 품에서 향기롭고 포근한 엄마의 냄새를 맡으며 이야기 세상으로 들어가는 기분은 딱히 알맞은 언어로 표현하기 어렵다. 분명한 것은 이때 아이가 느끼는 행복감은 하루의 피곤함을 씻어주고 하루 동안 느꼈던 슬픔과 괴로움, 원망과 분노를 사라지게 할 만큼 강력하다는 점이다.

혼자 책을 읽는 것보다 엄마가 읽어주는 것이 좋은 과학적인 이유도 있다. 엄마가 책을 읽어주면 뇌의 알파파가 40% 이상 증가한다. 알파파는 마음이 안정되고 명상할 때 늘어나는 뇌파다. 책 읽어주기는 책만 읽는 단순한 활동이 아니다. 이 시간에 아이는 하루 동안 부족했던 정서적 충족감을 가득 채운다. 부드러운 엄마의 목소리는 어떤 이야기를 들려주어도 결국에는 자신에 대한 사랑을 말하고 있음을 아이는 안다. 이 시간이 아이가 가장 행복한 시간이다.

유대인의 책 읽기에서도 한 가지 배우면 좋겠다. 유대인의 교육 방법 중 늘 이야기되는 부분이 잠자리에서 책을 읽어주는 방식이다. 아이가 잠들기 전 엄마는 두꺼운 책을 읽기 시작한다. 어느 정도 시간이 되면 "오늘은 여기까지. 다음 내용은 내일 읽어줄게"라 말하고 책을 덮는다. 아이는 잠이 든다. 듣다 만 미완성의 이야기는 아이에게 상상의 날개를 펼치게 한다. 날마다 반복되는 이 경험이 아이 상상력의 보물창고가 된다.

그렇다면 우리에게는 어떤 전통이 있었을까? 유대인에게 잠자리에서 책 읽어주기가 있었다면 우리나라에는 할머니의 무르팍에서 듣던 옛이야기가 있었다. 할머니 무르팍에서 도란도란 듣는 옛날이야기 말이다. 하지만 아쉽게도 우리의 전통은 급변하는 세월 속에서 전해지지 못 했다. 할머니와 함께 거주하는 경우가 드물고, 함께 산다 해도 어찌 된 일인지 옛이야기를 전하는 할머니의 역할이 거의 사라지고 있다. 참 아쉬운 일이다. 수백 년간 '이야기 들려주기'로 이어져 오던 우리의 좋은 전통을 현재에 맞게 이어가는 노력이 필요하다.

엄마가 아이들 잠자리에서 옛이야기를 들려주면 어떨까? 다른 책도 좋지만 옛이야기가 더 좋은 특별한 이유가 있다. 안정된 이야기 구조와 특징 때문에 아이에게 심리적 안정감을 준다. "옛날 옛날에"로 시작하는 이야기는 아이를 환상의 나라로 훌쩍 옮겨주고 마음껏 상상의 나래를 펴게 한다. 바로 자신이 이야기 속의 일을 겪는 것처럼 쉽게 동일시하고, 주인공처럼 슬퍼하고 외로워한다. 용감하고 씩씩하게 나쁜 적을 물리치기도 한다. 옛이야기의 끝이 항상 "모두가 행복하게 잘 살았답니다"로 끝나는 이유가 바로 여기에 있다. 즐겁고 안전하게 이야기 여행을 마무리해준다. 이제 아이는 다시 안심하고 꿈나라로 빠져든다.

아무리 무서운 악당이 나오고 괴물이 나타나도 결국 주인공은 그들을 물리친다는 전형적인 구조, 나쁜 놈은 벌을 받고 착한 사람은 복을 받는다는 확실한 권선징악의 구조가 자라는 아이에게는 심리적 안정감을 준다. 엄마가 잠자리에서 들려주는 옛이야기만큼 좋은 것이 또 있을까?

> 어릴 때 전래 동화를 충분히 경험하는 것은 마음의 기초 공사를 하는 것과 같다. 기초공사의 토대 위에 아이의 상상력과 창의력을 쌓아올릴 수 있다. 기초공사가 튼실하지 않을 때 그 위에 지어진 마천루는 사상누각일 뿐이다.
>
> – 《전래동화 속의 비밀코드》(하지현 지음, 살림출판사, 2005) 중에서

정신과전문의 하지현 교수는 옛이야기가 현실판단능력과 위기 상황의 해결능력, 충동에 대한 제어와 죄의식에 대한 조절 등을 반

복해서 다루어 마음이 튼튼하고 지혜로워지도록 도와준다고 강조한다. 엄마가 읽어주는 옛이야기책으로 몸도 마음도 행복하게 하루를 마감한다. 이런 하루하루가 모여 아이가 성장한다.

직장 엄마를 위한 저녁 시간

바쁘더라도 이것만은 꼭!

직장 엄마가 꼭 기억해야 할 것은 아이는 하루 종일 엄마를 그리워했다는 사실이다. 그러니 아무리 바빠도 꼭 아이를 위해 할 일이 있다. 아이의 허전한 마음, 지친 마음을 알아주고 보듬는 일이다. 생각해보면 다양한 방법이 있지만, 엄마도 아이도 편안하고 행복한 시간이 되기 위해서는 잠자리 대화가 제일 좋다. 포근한 이부자리에서 편안하게 아이와 함께 누워 잠자리 대화를 나누어보자.

아이에게 책을 읽어주기 전도 좋고, 책을 읽어주다 잠시 멈추고 대화를 나누어도 좋다. 책도 읽어주고 대화도 하기에는 너무 버거우니 둘 중 하나만 고르라고 한다면 대화를 더 권하고 싶다. 책은 녹음한 것을 들려주어도 되지만, 엄마와의 잠자리 대화는 그 무엇도 대신할 수 없다.

직장 엄마의 아이에게는 편안하고 뿌듯한 마음으로 오늘 하루를 마무리하면서 동시에 내일을 기대하는 대화가 필요하다. 잠들기 전 함께 누워서 마주 보며 얼굴을 쓸어주고 뺨과 코도 비비며 이야기를 나누어보자. 엄마와 나누는 대화는 서로의 친밀감을 높여줄 뿐 아니라 아이가 마음속 이야기를 털어놓을 수 있고, 숨겨진 스트레스를 풀어줄 수도 있다. 오늘 하루를 정리하고 또 새로운 마음으로 내일을 맞이한다. 엄마에 대한 사랑과 감사하는 마음이 생겨나고, 긍정적인 마음이 자란다. 자존감이 높아지고 회복탄력성도 쑥쑥 자라는 시간이다.

아이와의 잠자리 대화법

속상한 일을 씻어내는 대화

아이가 미처 말하지 못한 속상한 일이 남아 있으면 아이는 불편하다. 아이가 먼저 말해주면 좋겠지만 엄마를 배려하느라 말하지 않는 아이도 있다. 이때는 엄마가 먼저 대화의 모델을 보여주자.

"오늘 엄마는 회사 동료가 부탁을 안 들어줘서 속상했어. 내일은 그 친구한테 왜 그랬는지 물어봐야겠어. 아마 이유가 있겠지? ○○이는 오늘 어땠어?"

아이의 경험과 비슷한 사례로 엄마 이야기를 들려주는 것이 더 좋다. 아이가 느끼는 속상함의 종류는 그리 많지 않다. 누가 약속을 안 지켜서, 내 말을 무시해서, 친구가 놀려서, 공부가 어려워서 등이다. 엄마가 자신과 비슷한 경험을 했다고 말하는 것을 들으면서 아이도 자기 이야기를 쉽게 할 수 있다. 아이가 이야기하면 엄마의 전문용어를 사용하면 된다.

"힘들었겠다. 세상에, 그랬구나. 훌륭하구나. 다음엔 어떻게 하면 좋을까?"

전문용어만 말해주어도 아이는 속이 시원해지고 다음에는 더 당당하게 문제를 해결할 것 같은 자신감이 생긴다. 자기 말을 잘 들어준 엄마에게 감사함과 사랑을 느낀다.

내일을 기대하는 대화

잠자리에서 내일을 생각하면 어떤 느낌이 드는가? 내일 할 일이 무겁게 느껴져서 한숨이 나올 수도 있지만 아이에게 그런 모습은 보이지 않는 것이 좋다. 엄마는 가볍게 한숨 쉬며 걱정하지만 아이는 엄청난 먹구름으로 느끼니 말이다. 반대로 "내일 하고 싶은 일은 뭐야? 우리 내일 뭐 할까?" 이렇게 질문해보자. 혹은 아이가 내일 하는 일 중에서 기분 좋고 즐거운 일을 찾아 말해보자.

"내일 미술 시간에는 뭐 그리고 싶어?"

"쉬는 시간에 재미있게 잘 놀아."

"엄마가 내일은 몇 번 전화할까? 전화해서 무슨 말 해 주면 기분 좋아?"

"아빠 퇴근할 때 아이스크림 사 오라고 할까?"

오늘 아이가 노력한 점, 열심히 한 점 세 가지 찾기

"동생이 과자 더 먹으려고 할 때 한 개 나눠줬잖아. 그 모습이 참 보기가 좋았어."

"그림 그리다 망쳤는데도 다시 지우고 더 잘하려고 노력했잖아. 정말 훌륭해."

엄마가 찾아서 말해주다 조금 익숙해지면 아이가 스스로 자신이 잘한 점을 찾아 말하도록 이끈다. 아이가 스스로 자신이 잘한 점, 자신의 강점을 찾는 것이 자존감을 높이고 긍정적인 아이로 자라는 데 더 큰 효과가 있다.

할 말이 없을 때는 '아이를 사랑하는 100가지 이유'를

"태어나줘서 고맙고, 엄마를 사랑해줘서 고맙다. 웃는 모습을 너무 사랑하고, 이렇게 엄마를 안아줘서 고맙고 사랑한다."

이런 대화가 정말 필요하다. 처음에는 어색하고 어려울 수 있지만 일주일 정도만 계속하면 아주 자연스럽다. 아이의 생활이 긍정적이고 밝아지며 더 의욕적인 모습을 보인다. 내일을 기대하는 마음으로 잠들면 아침에 눈을 뜰 때도 좋은 느낌이 연장된다.

방학과 주말:
아이 주도적으로 계획하고 실행하는
휴일을 만들어보세요

01

아이들은
배움의 놀이를 좋아한다

놀기만 하면 큰일 나는 게 아니라, 놀 줄 모르면 큰일 난다

"너 그렇게 놀기만 하다 큰일 난다."

아이에게 이렇게 경고성 협박을 하는 경우가 많다. 하지만 이 말은 틀렸다. 놀기만 하면 큰일 나는 게 아니라, 놀 줄 모르면 큰일난다. 놀면서 자란 아이가 필요한 세상이다. 오죽하면 공부 잘하는사람들만 모인 하버드 대학교에 놀이를 계획하는 사람을 채용해학생을 놀게 하려 애쓸까.

엄마는 많이 놀게 했다고 말하고 아이는 못 놀았다고 말하는 이유가 있다. 놀이와 쉬는 것은 다르기 때문이다. 요즘 엄마들이 아이와 소통하지 못하는 중요한 부분이 바로 이것이다. 아이는 학교에 다녀와서 숙제하기 전에 간식 먹고 잠시 쉬었을 뿐인데, 엄마는 아이가 놀았다고 말한다. 숙제 끝나고 힘들어서 TV를 보며 잠시 쉬었는데 엄마는 또 놀았다고 말한다. 저녁에 아이가 "오늘 하나도 못 놀았잖아"라고 말하면 엄마는 "네가 몇 번이나 놀았는데 그런 말을 해?" 하며 야단친다. 아이가 놀지 못한 것이 맞다. 휴식은 휴식일 뿐 놀이가 아니다. 쉬는 것은 노는 것과 다르다.

아이들의 놀이에는 심심함이 없다. 하지만 아이가 조금 쉰 다음에 하는 말은 "심심하다"이다. 조금 쉬었을 뿐인 아이에게 놀았다고 억울하게 누명 씌우지 말자. 예전처럼 학교 끝나고 "놀다 올게요~" 하면서 나가 노는 자유를 누리는 아이는 별로 없다. 어디를 가든지 목적이 있어야 하고 엄마의 관리를 받는다. 최소한 아이의 놀이 시간만큼은 엄마가 확보해주자. 놀이 시간만 확보하면 놀이의 내용은 서서히 아이가 주도적으로 채워나간다. 창의적으로 놀이를 생각해 내고, 작은 것으로도 잘 놀 줄 아는 아이로 자랄 것이다.

유아라면 어린이집이나 유치원에 다녀온 후 나머지 시간은 놀이로 가득 채워도 좋다. 초등학생이라도 최소한 두 시간 정도는 놀아야 놀았다는 마음이 든다. 친구와 만나 놀다 뒹굴다 웃다 이야기 나누는 시간이 그만큼은 필요하다. 우리도 친구를 만나면 한 시간으로는 턱없이 부족하다. 아무것도 안 하고 그냥 이야기만 나누어도 두세 시간이 훌쩍 지나간다. 아이의 놀이에도 절대 시간을 꼭 확보해주어야 한다.

그렇게 놀고 공부는 언제 하는지 따지고 싶은가? 공부시키려고 투자하는 시간과 노력, 비용에 비해 공부 잘하는 아이가 드물다는 사실을 기억하자. 아이는 놀지도 못하고 공부도 별로 잘하지 못한다. 그런데 왜 굳이 그런 방식을 별 비판 없이 따라가야 할까? 대부분의 전문가와 학자들은 잘 노는 아이가 성공하는 세상이 되었다고 말한다. 이 말에 대해 조금 더 생각해보자.

놀이의 본질은 상상이다. 잘 노는 아이는 다양한 상황에 대처하는 능력이 뛰어나다. 가상의 상황에서 자신을 돌아보고 온갖 시나리오를 경험한다. 때로는 영웅이 되고 때로는 죽는다. 죽었다 살았다를 반복하는 동안 아이가 배우고 깨닫는 생각과 깊고 넓은 창의적 사고는 책상에 앉아 문제만 푼 아이와 비교할 수 없다.

놀아야 산다. 놀면 큰일 나는 게 아니라 놀 줄 모르면 큰일 난다는 말이 맞다. 그런데도 현실은 노는 아이가 점점 사라지고 있다. 동네마다 놀이터는 많이 생겼는데 놀이터를 꽉 채워야 할 아이들은 모두 학원 버스를 기다리느라 줄 서 있고, 스마트폰에 얼굴을 박고 있다. 학원 가는 버스에서 친구와 수다를 떨지만, 학원에 가자마자 봐야 하는 시험 때문에 스트레스를 받는다. 아이의 일상이 이렇게 채워지면 안 된다. 그러니 꼭 놀아야 한다.

잘 노는 엄마, 못 노는 엄마

놀이에도 진짜 놀이와 가짜 놀이가 있다. 엄마가 하는 착각 중의 하나가 자신은 잘 놀아주는 엄마라는 생각이다. 물론 진짜 놀이를 하는 엄마도 있다. 당신은 어느 쪽인가?

아이에게 진짜 놀이가 되었음을 알 수 있는 방법이 있다. 아이의 웃음소리다. "까르르 까르르" 웃는 소리는 억지소리가 아니다. 진짜 재미를 느낄 때 아이의 입에서 보석처럼 터져 나오는 소리다. 이렇게 웃는 아이의 놀이는 자유롭고, 놀이의 주체는 바로 아이 자신이다. 엄마가 가르치거나 시키는 것이 아니라, 아이가 마음 가는 대로 상상하고 구성하고 만들었다 허물어뜨리기를 반복하며 무한한 상상의 나래를 펼친다.

아이와의 놀이에서 문제가 생기는 엄마를 경험적으로 분류해보면 몇 가지 유형으로 나눌 수 있다. 첫째는 학습지도형이다. 놀이를 통한 학습이 나쁜 것은 아니다. 이 방법이 좋은 방법이 되려면 '결과적으로' 아이에게 즐거운 것이어야 한다. 놀이의 과정을 수업 시간으로 만들어버리면 곤란하다. 엄마는 놀았다고 말하고 아이는 짜증만 내는 경우다. 놀았지만 즐겁지 않고, 좋아하는 장난감도 짜증의 도구가 되어버린다.

다양한 색깔과 모양의 블록으로 상상의 나래를 펴며 2~3개만 쌓아올리고도 우주선을 상상하고 있는데, 엄마는 우주선은 모양이 이렇지 않다며 이렇게 저렇게 쌓아야 한다고 가르친다. 여기서 멈추지 않는다. 숫자 세기도 시켜야 하고, 색깔 이름도 알게 하기 위해 여러 번 반복해서 말하며 따라 하게 한다. 도형의 명칭도 가르친다. 엄마는 정말로 열심이다.

하지만 놀이에 참여하고 있는 아이의 표정을 보면 지금 엄마가 아이에게 무엇을 하고 있는지를 알 수 있다. 아이는 자기 마음을 몰라주는 엄마가 원망스럽다. 재미있게 놀고 싶은데 놀지 못해 불만스럽다. 엄마가 이것저것 가르치고 시험 보듯 자꾸 물어보는 바람에 틀릴까 걱정이 되고, 잘하지 못하는 것 같아 기분도 나쁘다. 이제 그만 놀고 싶다. 놀아도 재미가 없으니 뭘 해야 할지 모르겠다. 괜히 동생도 밉게 보이고, 내일 유치원도 가기 싫어진다. 심술만 난다. 아이의 마음이 이렇게 흘러가고 있음이 왜 엄마의 눈에는 보이지 않는 걸까?

이 유형의 엄마는 아이가 어떻게 느끼고 무슨 생각을 하는지 전혀 알아차리지 못한다. 더구나 엄마가 원하는 학습적 이득도 얻기 어렵다. 아이는 숫자고 도형 이름이고 뭐고 할 것 없이 지긋지긋할 뿐이다. 초등학교 2~3학년밖에 되지 않은 아이가 "전 수학 싫어해요. 잘 못해요"라고 말하는 경우, 대부분 엄마가 유아기에 억지로 수학을 학습시킨 역사가 있다. 놀이에서조차 공부를 시키면 아이에게서 공부는 더욱더 멀어질 뿐이다. 제발 그러지 말자.

두 번째 유형은 놀이를 통해 삶의 지혜를 가르치고 싶어 하는 엄마다. 놀이란 원래 승패가 있는 경우가 많다. 이기고 지거나, 잘하고 못 하는 결과를 겸허히 받아들여야 한다. 작전도 세울 줄 알아야 하고, 자신이 질 것 같은 상황에서 감정 조절을 하며 좌절감도 느끼고 다시 신중하게 생각해 문제를 해결해가는 과정을 거친다. 엄마는 아이가 이 험한 세상을 살아가는 기본적인 심리적 준비를 놀이를 통해 경험하게 해주고 싶다. 그래서 질 것 같아 게임을 그만하고 싶은 아이에게 공격적으로 말한다.

"원래 인생은 냉정한 거야. 그렇다고 그만두면 어떡하니? 끝까지 해야지."

반칙하고 싶어 하는 아이에게는 위협도 한다.

"그렇게 반칙하다간 범죄자가 되지. 거짓말하고 남에게 사기나 치는 사람이 되는 거야. 그러니 절대 반칙하면 안 돼, 알았지?"

이래서야 아이는 놀이가 재미있을 리 없다. 또한 이 유형의 엄마가 원하는 삶의 지혜를 배우기도 어렵다. 유아기와 초등학교 시기를 거치면서 아이가 획득해야 할 심리적 과제는 어른의 삶의 지혜를 미리 배우는 것이 아니다. 세상은 살 만하고 믿을 만한 곳이라는 기본적인 신뢰감을 형성하고, 자신이 뭔가를 잘할 수 있는 사람이라는 자율성도 얻어야 한다. 삶의 지혜를 터득하려면 스스로에 대한 자신감과 자존감이 형성되어야 하는데, 냉정하고 엄격한 승부의 세계에서 자신이 할 수 있는 것은 아무것도 없음을 너무 빨리 가르치는 것은 아닐까? 냉정한 세상에서 잘 살아가기를 바라는 마음에 아이의 마음은 고려하지 않고 자꾸 겁만 주고 있는 꼴이다.

아이가 어려움을 스스로 극복하기를 바랐던 한 엄마가 이런 식으로 아이를 겁주고 협박하자 아이는 불안감을 견디지 못해 친구에게 폭발하기 시작했다. 별일 아닌데도 지나치게 예민하게 받아들여 예전보다 더 충동적으로 자신의 분노를 표출했다. 아이가 왜 이런 행동을 하는지 좀 더 상황을 객관적으로 보면 좋겠다. 이런 현상은 엄마가 나빠서가 아니라 아이에 대한 이해가 부족하기 때문이다. 엄마의 사랑, 지지와 격려, 즐거움이 있는 놀이여야 아이가 배운다는 사실을 몰랐기 때문이다.

세 번째 유형은 엄마 주도형이다. 뭐든 엄마가 하는 대로 따라 하라고 한다.

"이렇게 해봐. 저렇게 해봐."

처음에는 아이도 싫어 하지 않는다. 하지만 점점 짜증이 날 수밖에 없다. 자신의 자유 의지를 표현하고 성취감을 느껴야 다음 활동에 동기가 생긴다. 엄마가 주도하는 모든 놀이는 아이에게 그런 기회를 주지 않는다. 엄마가 앞장서서 아이에게 이렇게 저렇게 하라고 지시한다. 엄마의 뜻만 있고 아이의 뜻은 없다. 아이는 블록을 세상에서 가장 높이 쌓을 기세로 위로 올리고만 싶은데 엄마는 비행기를 만들라고 한다. 어쩌다 아이가 엄마의 뜻을 따라가 주기도 하지만 아이는 아직 어리고 미숙하여 하나씩 높이 쌓는 데 능숙하지 않다. 엄마는 그 꼴을 보고 그냥 있을 수가 없다. 자기 손으로 직접 쌓아올리고서는 "야, 다 쌓았다. 멋있지!" 하는 엄마도 있고, 그나마 직접 손을 대지는 않지만 "옆으로, 앞으로, 조금 오른쪽으로!"라고 소리치며 끊임없이 지시한다.

그렇게 성공적으로 블록을 쌓아올릴 수는 있지만 결국 아이는 자신이 제대로 했다는 느낌을 받을 수 없다. 놀긴 놀았지만 만족스럽지 않다. 스스로 뭔가를 해낼 수 있다는 자신감에 오히려 상처만 입었다. 아이가 스스로 시도하고 실패하고 다시 도전하다 결국 성취하는 기쁨과 만족, 뿌듯함을 고스란히 빼앗겨버린다. 아이가 배운 것이라고는 자기 혼자서는 아무것도 잘할 수 없다는 생각뿐 아닐까?

엄마가 어릴 적에 하던 놀이를 생각해보자. 자기 마음대로 엉뚱한 상상을 발휘할수록 놀이가 재미있었다. 그런데 왜 아이에게는 자꾸 지시하고 따라오라고만 말하는 걸까? 어쩌면 아이가 자신처럼 실수하는 인생을 살게 될까 봐 걱정이 앞서는 것은 아닐까? 걱정에 휩싸여 엄마가 아이의 역할을 빼앗을수록 그 걱정이 실현될 가능성이 높아진다.

결국 세 유형의 엄마는 아이를 위해 열심히 놀았지만 엄마가 원하는 것을 얻지도 못하고, 아이와 관계만 나빠진다. 아이는 엄마와 놀아도 만족감이 없어 끊임없이 놀자고 칭얼댄다. 엄마가 놀아주어도 짜증만 내는 악순환을 거듭한다.

더 심한 엄마도 있다. 놀아주어야 한다는 말에 놀이를 시작하기는 했는데, 결국 성질만 내는 경우다. 아이가 조금 실수하거나 약간 욕심을 내기만 해도 엄마는 아이를 비난한다. 교육적 훈계가 아니라 자기 성질에 못 이겨 아이에게 화를 푼다. 아이는 절대 화풀이 대상이 아니다. 엄마의 삶이 아무리 힘들어도 아이는 보호받아야 할 대상이지 그 짐을 함께 지는 상대가 아니다.

엄마의 마음이 전혀 놀아줄 상태가 아니라면 차라리 놀지 않는 게 더 낫다. 엄마의 마음이 너무 팍팍하고 힘겨운 상황이라면 아이에게 다음에 놀 시간을 약속하는 것으로 마무리하자. 막연히 "나중에"가 아니라 "내일 유치원 다녀와서" 혹은 "저녁 8시에"라고 명확하게 약속하면 아이는 충분히 잘 기다린다.

엄마와 친구와 함께 보드게임을 하던 아이가 다른 것을 하자고 조른다. 엄마는 놀기 시작한 이후 놀잇감을 벌써 세 번이나 바꾸는 게 마음에 들지 않는다. 엄마는 이렇게 말한다.

"한번 한 건 끝까지 해야지."

아무리 놀이를 통해 삶의 지혜를 가르치고 싶다 하더라도 더 중요한 것을 알아야 한다. 엄마의 전문용어를 한번 생각해보자. 이럴 때 어떤 말을 해주면 좋을까? 아이의 모든 행동에는 이유가 있다. 최소한 그 이유를 물어봐야 한다. 아이가 놀이를 그만두고 싶어 하는 그 순간조차 여러 가지 이유가 작동하고 있다. 아이에게 물어보니 엄마를 위해서였다. 엄마가 친구에게 지는 것이 싫어서, 또 엄마가 지면 엄마가 속상해할까 봐 그런 것이다. 이것도 모르고 엄마는 아이가 진득한 맛이 없고 산만하게 이것저것 집적거리기만 한다고 아이를 비난한다.

때로는 아무리 어린아이라 하더라도 그 깊은 속내를 알게 되면 감탄하곤 한다. 어쩌면 어른이 아이를 너무 모르는 게 아닐까? 아이의 마음을 알아가는 일은 보물섬을 찾는 일과 같다. 분명히 보물이 있다. 엄마가 아이의 마음속 보물을 찾는 사람이면 좋겠다.

02

놀 줄 아는 엄마는
연장 탓하지 않는다

"서툰 목수가 연장 탓한다"는 속담이 있다. 엄마는 어떤가? 아이와의 놀이에서 뭘 갖고 놀아야 할지 모르겠다는 생각이 더 많이 드는가? 아니면 반대로 마음만 먹으면 아무것도 없어도 얼마든지 아이와 놀 수 있다는 생각이 드는가? 부디 후자였으면 한다.

엄마가 놀이를 겁내는 이유는 장난감 때문이기도 하다. 아이와 놀려면 장난감이 있어야 한다는 것은 고정관념이다. 나무 막대 하나가 얼마나 많은 상상을 불러일으키는가? 아이가 종이를 돌돌 말아 마술지팡이를 상상하면서 놀면 엄마는 진짜 예쁜 마술지팡이 장난감을 사주고 싶다고 생각한다. 엄마가 사주면 아이도 좋아하겠지만, 그때부터 아이의 자유로운 상상은 제한될 수밖에 없다. 시중에 파는 마술봉은 그 마술봉을 사용하는 주인공이 있고, 아이가 마술봉을 사용하면 아이의 상상은 이제 그 주인공으로만 한정된다. 반대로 종이 막대가 마술봉이 될 때는 백설공주의 마녀부터 신데렐라의 착한 요술 할머니까지, 도깨비방망이와 해리포터의 마술 지팡이까지 온갖 상상이 가능하다. 어쩌면 놀 줄 모르는 아이보다 뭐든 물질화해 생각하는 부모가 더 문제인지도 모른다.

그런데도 아이와의 놀이에서 가장 먼저 떠오르는 것은 장난감이다. 속담처럼 연장 탓하지 않았으면 좋겠다. 놀 게 없어서 심심하다는 아이는 아직 놀이를 제대로 배우지 못했을 뿐이다. 좀 더 정확하게 말하면, 원래는 무엇으로든 놀 수 있는 능력이 있는데 그 놀이를 제대로 해보지 못해서 이제 아이도 장난감이 없으면 놀 수 없게 되었다.

아이에게 진짜 놀이를 돌려주기 위해 꼭 생각해봐야 할 것이 아이의 놀잇감이다. 2014년 국립국어원의 발표에 따르면 놀잇감이라는 말이 표준어가 되었다. 사전적인 의미로는 놀잇감이나 장난감이나 둘 다 같은 뜻이지만 분명 다른 의미로 사용된다. 늘 놀잇감의 중요성을 이야기해왔던 터라 무척 반갑다.

장난감은 완성된 제품으로 만들어서 파는 것이고, 놀잇감은 아이의 놀이에 사용하는 모든 것을 지칭하는 말이다. 장난감과 놀잇감은 엄마와 아이에게 다르게 다가간다. 심심한 아이가 정말로 원하는 것은 장난감보다는 놀잇감이다. "뭐 하고 놀아요? 놀 게 없어요"라고 말하지 "장난감이 없어요"라고 하지 않는다. 아이의 말속에 숨은 뜻은 무엇이든 좋으니 놀 거리만 있으면 좋겠다는 것이다. 이걸 잘못 해석한 부모가 아이에게 장난감을 사주어야 한다는 부담을 갖게 된다.

그렇다면 무엇으로 노는 것이 더 좋을까? 화려하고 기능 좋은 장난감보다 생활 소품이 더 좋은 놀잇감이다. 보기 좋고 값비싼 완제품이나 말 잘하는 로봇보다 종이상자와 빈 우유갑, 다양한 모양의 페트병 같은 생활 소품이 더 좋은 놀잇감이 될 수 있다.

엄마가 잘 놀 줄 모를수록 좋은 장난감이 있어야 한다고 생각하는 경향이 강하다. 하지만 그 반대다. 아이의 놀이에는 제품형의 장난감이 없을수록 좋다. 집안의 생활 소품이 전부 놀잇감이 될 수 있기 때문이다. 집 밖에서는 엄마가 어릴 적에 놀았던 것처럼 다양한 전래놀이로도 충분할 뿐 아니라, 더 바람직한 놀이를 할 수 있다. 종이 한 장, 나무 막대 하나, 양말 한쪽, 국자 하나, 양은냄비 등 생활 소품이면 무엇이든 괜찮다. 종이 한 장으로 머리에 이고 달리기도 하고, 퍼즐도 하고, 공놀이도 할 수 있다.

이스라엘의 생활공동체인 키부츠의 유치원 마당에는 고물을 잔뜩 모아놓는다. 집에서 쓰던 낡은 물건을 아이 마음대로 가지고 놀도록 한 것이다. 구멍이 뚫린 그릇, 찢어진 바퀴 등 고장 난 생활 소품과 뒹굴며 자연스럽게 실험정신을 가지게 하는 것이 아닐까?

물론 우리의 현실은 이와는 너무 다르다. TV 프로그램에 연예인의 자녀가 종종 등장한다. 그 아이들의 집에 있는 온갖 장난감이 우리 아이의 눈에는 부러움의 대상이다. 어떤 아이는 TV에 나오는 인형을 본 뒤 갖고 싶다며 자주 보챈다. 그런데 인형값이 10만 원이 넘는다. 형편이 넉넉지 않은 엄마는 아이가 원하는 것을 사주지 못하니 마음이 아프다. 6살이 넘어가면 이해의 정도가 넓어지니 화면에 나오는 물건과 장난감 대부분이 간접광고 효과를 노린 PPL 제품이거나 협찬받는 것이라고 아이에게 이야기해주면 좋겠다. 그리고 아이들 제품만큼은 최소한 간접광고는 자제해주었으면 하는 바람이다.

엄마는 또래 친구들이 가진 비싼 장난감을 꼭 사주어야 할 것 같은 압박감이 시달리지만, 아이에게 중요한 것은 즐거움 그 자체다. 소박한 놀이로 즐겁게 놀아본 아이는 비싼 장난감을 갖고 싶은 마음도 잘 조절할 수 있다. 한 어린이집 교사가 아이들과 아무 장난감 없이 기차놀이도 하고 동대문 놀이도 했다. 강강술래도 하고 눈감고 잡기 놀이도 했다. 장난감을 서로 갖겠다고 싸우는 일 없이 모두 신나게 놀았다. 이렇게 한껏 놀아본 아이들이 말한다.

🧒 "아무것도 없이 노니까 정말 좋다. 내일은 또 뭐 하고 놀까?"

🧒 "집에서도 이렇게 놀았으면 좋겠다!"

아무것도 없는 상태에서 상상만으로 놀이가 시작되는 것, 눈앞의 생활용품으로 상상력을 보태어 멋진 장난감을 완성하는 재미야

말로 놀이의 최고봉이다. 그 찬란한 순간의 기쁨과 성취감을 아이에게 제공해주기 바란다. 놀이는 아이의 자율성, 주도성에서 시작하여 재미와 즐거움을 느낄 때 비로소 진짜 놀이가 된다. 엄마 지시와 권유로 이루어지는 놀이는 가짜 놀이다. 화려한 장난감에 정신이 팔려 친구에게 자랑하고 잘난척하는 것은 놀이가 아니다. 놀이에 대한 흥미가 더 이상 유발되지 않으면 지속시간 또한 길지 않다. 이런 놀이를 도대체 왜 하는가?

놀이 속의 작은 행동이 큰 열매를 거둔다

어느 도자기 공예 교수가 학생을 두 그룹으로 나누고 채점 기준을 제시했다. 한쪽 그룹은 도자기 50개를 만든 학생은 A 학점을, 40개를 만든 학생은 B 학점을 주겠다고 했다. 많이 만들수록 좋은 학점을 받는 것이다. 다른 그룹에는 한 학기 동안 만든 작품 중에서 최고로 잘 만든 작품 한 점만으로 점수를 받게 될 것이라고 설명했다. 개수가 중요한 게 아니라 질적으로 높은 작품 하나를 집중해서 만들라는 주문이었다.

이제 한 학기가 끝났다. 어느 그룹에서 더 훌륭한 작품이 나왔을까? 초등학생에서부터 대학생에 이르기까지 약 30명의 아이에게 질문하니 대부분 멋진 작품 하나를 만든 집단에서 더 좋은 작품이

나왔을 거라고 답했다. 엄마들도 마찬가지였다.

한 학기가 끝난 후 작품을 평가하면서 교수는 흥미로운 사실을 발견했다. 미적 완성도뿐 아니라 기술적인 섬세함 면에서도 최고의 작품은 '많이 만든 그룹'에서 나왔다. 왜 이런 결과가 나타났을까? 그들은 도자기를 반복해서 빚으며 실수를 했다. 아마 하나하나 만들 때마다 별로 정성을 들이지 않았을 것이다. 하지만 그러는 동안 자신도 모르는 사이 흙을 다루는 일 자체에 점점 능숙해졌고, 아름다움을 보는 심미안도 발전했다. 손으로 흙을 빚는 기술뿐 아니라 미적 감각도 함께 향상되니 시간이 갈수록 더 좋은 작품을 만들게 되었다. 부담 없이 놀이처럼 반복적으로 만들기를 통해 많은 것을 배우게 된 결과였다.

그렇다면 최고의 작품을 만들려 애쓴 학생들은 왜 완성도가 떨어졌을까? 그들은 완벽하고 정교한 하나의 작품을 만들기 위해 고민도 많이 하고 계획도 세웠다. 하지만 학기가 끝날 때까지 작품을 몇 점 만들지 못했고 제출한 작품의 완성도도 많이 부족했다. 이유는 간단하다. 실제로 만들어본 연습이 턱없이 부족해 실력이 나아지지 않았기 때문이다. 이것은 《예술가여, 무엇이 두려운가!》(데이비드 베일즈, 테드 올랜드 지음, 루비박스, 2012)라는 책에 나오는 실험 이야기다.

이 실험에서 아이의 놀이를 생각해보자. 아이의 놀이는 망설임이 없다. 마음이 이끄는 대로 하고 싶으면 바로 행동으로 옮긴다. 잘하려 애쓸 때도 있지만 더 중요한 것은 재미기에 자신도 모르는 사이 수없이 같은 행동을 반복하며 기술이 향상된다. 블록을 만들었다 허무는 수많은 과정이 바로 도자기 50개를 빚는 과정과 거의 유사하다. 이것이 바로 놀이다. 배움의 의미에서 보는 놀이는 이런 효과를 가져온다. 노는 것 따로 배우는 것 따로 생각하지 말자. 아이에게는 놀이가 곧 배움이다. 문제는 놀이를 가장하여 학습을 강요하는 것이다.

놀이를 통해 저절로 배우게 되는 것과 목적을 가지고 노는 것은 완전히 다르다. 아이가 원하는 대로 따라가자. 보드게임을 하면서 놀면 수학적 감각에 도움이 되지만, 아이를 더 연습하게 해야 한다는 목적으로 자꾸 점수 계산을 강요하면 어느새 놀이의 재미는 없어지고 만다. 그것도 모르고 엄마는 아이가 놀이를 즐거워하지 않는다며 멀쩡한 아이를 의구심 가득한 눈으로 바라보는 것은 아닌가.

03

평가 목표일까?
학습 목표일까?

우리 아이는 무엇을 목표로 공부할까? 컬럼비아 대학교 캐럴 드웩 교수는 배움의 목표를 크게 평가 목표와 학습 목표로 제시한다. 이는 학교와 학습 등 성취와 관련한 상황에서 아이가 가질 수 있는 서로 다른 두 가지 형태의 목표를 말한다.

평가 목표란 자신의 능력을 증명해 보이고 얼마나 똑똑한지를 나타내고자 하는 경우다. 평가 목표를 가진 아이는 자신이 얼마만큼 잘 아는지, 그래서 내가 얼마나 능력이 뛰어난 사람인지 남에게 평가받기 위해 배우고 공부한다. 언뜻 보면 별문제가 없는 것 같지만 배움의 목표가 나 자신이 아닌 남의 평가에 초점이 가 있으니 정작 자기 마음은 돌보지 못한다. 그래서인지 평가 목표를 가진 아이는 실패 상황에서 눈에 띄게 자신감이 없어진다.

반면, 학습 목표는 새로운 것을 배우고 싶어 하고 도전을 통해 좀 더 잘 익히려는 목표를 말한다. 학습 목표를 가진 아이는 스스로 좀 더 어렵고 새로운 과제에 도전하고 고민하는 것이 즐거워 더 공부하려 한다. 배우는 것에 초점을 두니 쉬운 것보다는 어려운 과제를 선택하며, 실패할지라도 그것을 통해 새로운 원리를 깨닫고 다시 해결해가는 방법을 배우려 한다. 노력하는 아이가 되는 것이다. 우리 아이가 어떤 목표를 가졌는가에 따라 학습에 임하는 태도도 크게 달라지게 된다.

100조각짜리 퍼즐을 유아와 초등학생들에게 제시했다. 확실히 어떤 목표를 가졌는가에 따라 아이의 말과 행동에서 확연히 차이가 났다. 나이와는 전혀 관계가 없었다. 5살짜리 아이도 "나 할 수 있는데"라고 말하며 시작하는 아이가 있는가 하면, 보자마자 "싫어요. 어려워요. 나 못 해요"라며 거절해버리는 아이도 있다. 초등학생 정도면 100조각은 쉽게 느껴질 수도 있을 텐데 어떤 아이는 "헉! 100조각이요? 너무 많아요"라고 말하고, 어떤 아이는 "이런 건 식은 죽 먹기죠" 하며 "좀 더 조각 수 많은 건 없어요?"라고 질문한다.

시작하기도 전에 태도에서 차이가 나니 아이들이 가진 목표가 어떤 것인지 쉽게 짐작이 된다. 제대로 놀아보지 않은 아이, 놀 때마다 부모가 평가하는 말에 상처받았던 아이는 이제 모든 행동에서 평가 목표를 갖게 된다. 아이의 놀이에 대해 부모가 어떻게 반응해야 할지 많은 생각을 하게 한다.

평가 목표를 가진 아이는 퍼즐을 선택할 때 이미 잘 맞추는 퍼즐만을 선택하려 한다. 어려움 앞에서 쉽게 포기하고, 몇 번을 물어도 쉬운 과제를 선택한다. 자기 수준보다 높은 많은 조각 수의 퍼즐로 도전하면 자신의 능력이 완전하지 않다는 것이 드러날 수 있기 때문이다. 능력을 칭찬받았지만 스스로는 그 능력에 대해 확신하지 못한다. 부모나 선생님을 실망시키는 것도 두렵다. 자신의 능력이 그렇게까지 뛰어나지 않음을 남들이 알게 되는 순간 모든 것을 잃게 될까 괴롭다. 심지어 몰래 남의 도움을 얻어서라도 실망시키고 싶지 않다. 예상치 못한 상황에서는 눈에 띄게 자신감 없는 모습을 보인다. 실패하면 절망에 빠지며 다시 도전하기를 거부한다.

학습 목표를 가진 아이는 이미 맞춘 것보다 새롭고 어려운 것을 더 재미있어하는 특징을 보인다. 실패 상황에서도 낙관적이고 자신감 있는 태도를 유지한다. 학습 목표를 가진 아이는 무언가를 배울 때 학습 자체에 몰입한다. 새로운 것에 도전하고 배우는 과정 자체가 목표가 되기 때문에 결과에 연연하지 않는다. 과정에서 최선을 다했다면 아주 만족한다. 무언가에 몰입해 있을 때 발그스레해지는 아이의 모습을 본 적이 있는가? 학습 목표가 있는 아이는 책 읽기, 그림 그리기, 만들기, 퍼즐 등의 활동에서 쉽게 몰입한다. 누가 불러도 모를 만큼 몰입해 있는 아이의 모습은 정말 사랑스럽다.

그렇다면 평가목표를 갖게 된 아이들은 어쩌다 그렇게 된 것일까? 물론 처음부터 평가 목표를 갖고 태어나는 것은 아니다. 엄마의 무심한 질문에서 평가 목표에 시달리게 된다.

"그렇게 하지 마. 이렇게 해봐. 다시 해. 이상해."

"몇 점 받았니?"

"친구는 몇 점이니?"

"100점 받은 사람이 모두 몇 명이니?"

"몇 등이니?"

"왜 이렇게 못했니?"

"왜 틀렸니?"

이런 질문은 아이가 평가 목표에 집착하게 한다. 게다가 자신의 능력을 의심하게 한다. 한 번의 실패에서 절망감을 느끼고 스스로 능력을 의심하니 더는 도전하고 싶지 않게 된다. 평가 목표에 길든 아이는 실패를 두려워한다. 그래서 실패하지 않는 과제를 선택한다. 이미 자신이 아는 것, 잘할 수 있는 것만 하려고 한다. 새로운 도전과 시도에서 스스로 부딪혀볼 생각은 전혀 하지 못한다. 누군가 가르쳐주지 않으면 배우지 못한다고 생각한다. 무서운 일이다. 인간이 새롭게 배우는 것을 두려워한다면 어떻게 될까? 우리 아이가 이런 모습을 갖게 되기를 바라는 부모는 한 명도 없을 것이다.

학습 목표를 갖고 기꺼이 노력하게 하는 엄마의 대화

진리는 의외로 단순하다. 아이의 성장에 도움이 되는 학습 목표를 가진 아이로 키우기 위해 부모가 해야 할 일은 다행히 거창하지 않다. 아이의 거듭된 실수와 실패에 대해 원인을 어떻게 해석하게 하는가의 문제일 뿐이다. 아이가 자신의 능력이 부족하다고 생각하는 것이 아니라, 노력이 부족하다고 생각하도록 도와주면 된다. 선택한 방법이 잘못되었으니 다음에는 다른 방법을 선택하면 된다고 생각하도록 이끌어주자.

아이의 생각을 이끄는 대화는 의외로 단순하다. 아이가 선택한 전략과 노력을 칭찬해주면 다음에 과제를 선택할 때 90% 이상의 아이는 더 어려운 과제에 도전한다. 이제 아이가 공부할 때 문제를 제대로 읽지 않는다면, 어떻게 말해야 아이의 잘못된 습관을 바꿀 수 있는지 살펴보자.

A. 문제를 안 읽으니 또 틀리지. 넌 왜 맨날 그러니?

B. 전에 알던 문제와 같다고 생각했구나. 매번 문제가 달라지는데. 어떡하면 좋을까?

A는 아이가 문제를 읽지 않는 것이 원래 타고난 것처럼 생각하게 한다. "내가 그렇지 뭐"라는 탄식이 절로 나오게 하는 대화다.

이에 반해 B는 좀 다르다. 아이가 전에 알던 방식으로 문제를 풀었음을 인정해주었다. 하지만 매번 문제가 달라지므로 앞으로 어떻게 할지 질문한다. 대화에 따라 전혀 다른 마음이 생겨나는 것이 느껴지는가? 이 대화의 기본 형태는 이유가 있었음을 알아주는 전문용어에 속한다.

"아, 틀린 이유가 있었구나. 그래서 그랬구나. 그런데 앞으론 어떡하지?"

아이를 비난하는 것이 아니라 아이가 앞으로 다양한 문제를 접할 때 어떤 노력을 하고 싶은지 질문하는 것이니 아이도 질문을 받고 생각하기 시작한다.

또 하나, 아이가 학습 목표를 갖게 하는 좋은 방법은 엄마의 전문용어 중 아이의 긍정적 의도를 찾아내어 읽어주는 아이의 노력을 칭찬하고, 아이가 선택한 방법의 좋은 점을 칭찬한다.

"수업이 지루했는데도 잘 참으려 노력했구나."
"좋은 방법을 선택했구나. 어떻게 그런 생각을 했어?
대단하다."

이런 말로도 충분하다. 잘 참으려 노력했다는 말을 들은 아이는 '다음에도 잘 참아야지. 난 더 잘 참을 수 있어' 하고 생각한다. 좋은 방법을 선택한 데 대해 칭찬을 들은 아이는 다음에도 더 좋은 방법을 생각해내고 선택하기 위해 예쁜 두 눈을 반짝이며 고민하고 또 고민한다. 학습 목표를 위해 자신이 발전하는 행동을 선택하기를 배운 아이는 시간이 갈수록 더욱더 잘 성장해간다.

엄마만큼 아이의 실패를 두려워하는 사람이 또 있을까? 시험 성적 하나에 인생을 걸고 그날 받아쓰기나 쪽지시험 성적만 나빠도 걱정이 태산이다. 왜 엄마는 실패를 못 견뎌 할까? 어쩌면 성적이 좋지 않아 자신의 인생이 더 멋지게 되지 못했다는 아픈 깨달음이 있기 때문일 수도 있다. 그런데 성적이 나빠서 현재 내 인생이 이런 게 아니라, 아무것도 즐기지 않고 제대로 놀아보지 못했으며 원하는 것을 추구하거나 탐구하지 않았기 때문이라는 생각은 들지 않는가?

놀지 않은 아이는 정말이지 되는 일이 별로 없다. 친구 관계도 위기 극복도 모두 놀아본 아이가 잘한다. 지금의 공부에는 서툴 수 있지만 대학생이 된 이후, 그리고 사회생활에서 보여주는 아이들의 모습에서 이미 정답은 나와 있다.

성적은 나빴지만 성공적인 인생을 사는 사람에게서 배워야 할 때다. 그들은 모두 무언가에 마음을 쏟고 거기서 즐거움을 느끼고 탐구하고 몰입하는 과정을 거쳐 성취했음을 기억하자.

04

아이가 자신의 하루를
계획하게 하자

주말과 방학 시간을 어떻게 보내는가에 따라 아이의 삶의 질은 참 많이 달라진다. 그렇지 않은가? 가족과 행복하게 소통하는 아이와 그렇지 않은 아이, 친구와 즐겁게 노는 아이와 그렇지 않은 아이, 책을 즐겨 보는 아이와 그렇지 않은 아이, 숙제를 충실히 하는 아이와 그렇지 않은 아이, 뭔가를 경험하고 터득하는 아이와 게임이나 TV로 시간을 보내는 아이가 있다. 이 시간이 모여 아이의 삶과 인생의 방향을 결정한다. 이 활동은 대부분 주말과 방학에 이루어진다. 엄마가 아이의 주말과 방학 시간을 질적으로 도와주는 정도에 따라 아이의 삶이 풍요롭고 행복해질 수 있다.

우리 아이는 주말이나 방학을 어떻게 보내고 있는가? 하루하루 자신이 잘 크고 있다는 뿌듯한 느낌으로 행복감을 느끼는가? 아니면 일과에 찌들어 징징거리며 자신에게 주어진 과제를 버거워하는가? 삶 자체가 바뀌는 이 중요한 시간을 아이가 힘겨워하고 있다면, 가능한 한 빨리 아이의 시간이 달라져야 한다.

주말이나 방학에도 아이가 수행해야 할 과제가 있다. 과제를 얼마나 잘하는가보다 어떤 마음으로 과제를 수행해내는지가 중요하다. 즐겁게 두 눈을 반짝이며 과제를 할 수 있게 도와주어야 한다. 과제를 하는 동안 열심히 하는 자신에게 스스로 대견함을 느끼고, 힘든 과제도 거뜬히 해내는 자신을 뿌듯하게 느끼는 시간이 되어야 한다. 그러므로 아이의 주말과 방학에 하루의 시간을 계획하는 일은 매우 중요하다. 아이의 하루를 어떻게 계획하고 있는가? 아이가 오늘 해야 할 일은 무엇인가? 하면 안 되는 일은 무엇인가? 아이가 하고 싶어 하는 일은 또 무엇인가?

아이의 의견에 무조건 따라가서도 안 되지만 아이의 마음을 무시해서도 안 된다. 아이의 의견을 최대한 존중하며 아이가 잘할 수 있도록 도와야 한다. 그러기 위해 엄마가 꼭 알아야 할 양육기술 중 하나가 아이의 하루를 계획하는 일이다. 정확하게 말하면 아이가 자신의 하루를 계획하도록 도와주는 일이다. 엄마가 계획해서 아이에게 시키는 것이 아니라, 아이가 주도적으로 계획하고 실천할 수 있도록 도와주는 역할이다. 많은 경우 엄마의 역할을 헷갈려 한다. 엄마가 주도적으로 계획해서 아이를 시켜야 한다고 착각하지만, 그게 아니다.

"숙제해."

"공부해."

"책 읽어."

"독서록 써."

"일기 써."

    지시하고 명령하는 언어를 사용한다면 이제 멈추는 것이 좋겠다. 어린아이일수록 엄마의 말에 복종하는 것으로 보여도 마음속에서 일어나는 움직임은 전혀 다르다. 부작용만 쌓여가고 있을 것이다. 지금 당장 나타나지는 않지만 시간이 갈수록 그 부작용은 아이의 삶을 전혀 다른 방향으로 이끌고 간다. 고학년이 되면서 문제가 나타나는 아이들 대부분이 부모의 명령과 지시, 강요에 찌든 아이들이라 해도 과언이 아니다. 지시와 명령은 곧 강요가 되고 이런 방식의 언어는 엄마가 생각하지도 못한 부작용을 불러일으킨다.

    "넌 주말(방학)인데 놀기만 하니? 딴 데 신경 쓰지 말고 숙제나 해. 다른 애들은 주말(방학)이라고 학원도 더 다니고, 공부도 많이 하는데 넌 왜 TV만 보고 있어?"

    사랑하는 엄마가 숙제를 시키면서 이렇게 말하면 아이는 더 이상 숙제도 공부도 하고 싶은 마음이 남지 않는다. 물론 엄마한테 혼나는 게 무서워 겨우 하기는 하지만 결코 아이의 공부 실력에는 도움이 되지 않는다. 엄마가 그렇게 원하는 자기주도학습자는 되기 어렵다.

이제 아이에게 자유롭게 주어지는 주말과 방학을 제대로 계획하도록 도와주자. 아이가 오늘 하루 동안 해야 할 일과 하고 싶은 일의 목록을 모두 적게 하고, 해야 할 일을 먼저 점검해보자. 아이가 혼자 할 수 있는 일, 엄마의 도움이 필요한 일도 구분한다. 목록은 작은 포스트잇에 하나씩 쓰고 A4 용지를 반으로 접어 윗부분에 두 가지 제목을 적는다. 그다음 써둔 포스트잇을 혼자 할 수 있는 일, 도움이 필요한 일 칸에 갖다 붙이면 한눈에 볼 수 있어 매우 효과적이다. 옮겨가며 순서를 정하기에도 좋다.

그다음에는 언제 어떻게 할지에 전적으로 아이에게 결정권을 준다. 이렇게 구분해서 계획을 세우고 체크해가면 아이는 스스로 계획한 오늘 하루를 잘 생활할 수 있다. 물론 하기 싫어하는 것도 있지만 아이와 협상하면 된다. 이기고 지는 협상이 아니라, 아이가 잘해낼 수 있도록 도와주는 방법을 찾는 협상이다.

다음으로, 아이가 하고 싶은 일은 가능하면 실행할 수 있게 도와 주자. TV와 게임이 포함될 수 있으므로, 아이는 원하지만 부모는 원치 않는 항목도 협상이 필요하다.

중요한 한 가지가 더 있다. 부모가 제안하는 항목이다. 아이가 새로운 체험을 하기를 바라고 도서관에도 가기를 바란다면 제안해도 좋다. 다만 강요가 아니라 왜 그런 활동을 하기를 바라는지 아이가 알아들을 수 있도록 잘 설명하고, 아이가 선택하고 결정할 수 있게 대화를 이끌어가야 한다. 아이가 자신의 생활을 주도적으로 계획할 수 있다면 아이의 주말과 방학은 무척 알차고 신나고 뿌듯한 시간이 될 것이다. 아이의 삶의 방향이 달라지는 아주 중요한 시간이다.

05

아이가 주도적으로 계획하는
아이의 하루

아이가 해야 할 일들 중에 중요한 일은 무엇인가? 그리고 급한 일은 무엇인가? 날마다 해야 하는 숙제는 급한 일인가? 아니면 중요한 일인가?

아이에게 당장 급한 일은 날마다 해야 하는 숙제다. 날짜가 정해져 있는 과제와 공부는 늘 급한 일이다. 그런데 과제를 하는 아이가 마음속으로 생각하는 진짜 중요한 일은 무엇일까? 유치원생이나 초등학생에게 중요한 일이란 결국 엄마 아빠, 친구와 함께 즐겁게 지내는 것이다. 그렇다면 급한 과제를 먼저 하는 것이 좋을까, 아니면 중요한 일부터 하는 것이 맞는 걸까?

헷갈린다면 좀 더 생각해보자. 어른들은 일상의 급한 일을 처리하느라 정작 인생에서 중요한 일은 미루며 산다. 건강을 위해 해야 하는 운동도 미루고, 언젠가 꼭 따고 싶은 자격증도 나중으로 미룬다. 하고 싶은 공부도 당장 해야 할 업무 때문에 또다시 뒤로 미룬다. 우리는 마음속으로 늘 이렇게 생각한다.

'급한 일이 끝나면 중요한 일을 준비해야지.'

하지만 경험해봐서 알겠지만 급한 일이 끝나는 적은 거의 없다. 오히려 날마다 급한 일이 쌓이고 밀려서 더 정신을 못 차리게 된다. 안타깝게도 내 인생의 방향을 결정하는 중요한 일은 서서히 잊혀간다. 그러면서도 다른 사람이 그런 고민을 하면 주저 없이 충고한다. 지나고 나면 전혀 중요하지 않은 급한 일 때문에 인생에서 정말 중요한 일을 미루며 살지 말라고. 이 충고를 자신에게 적용해보자. 그리고 아이에게도 적용하자.

아이에게 중요한 일은 분명 사랑하는 사람과 행복한 시간을 보내는 것이다. 그런데 급한 숙제 때문에 중요한 일을 미루며 살고 있다. 이래서는 아이가 잘 성장하기 어렵다. 아직도 아이에게 가장 중요한 일은 숙제와 공부라고 생각한다면, 왜 행복한 시간을 갖는 것이 중요한지 좀 더 살펴보는 것이 좋겠다.

2012년 미국 워싱턴 의과대학의 연구팀은 3~6세의 미취학 아동 92명을 대상으로 실험을 했다. 아이와 엄마를 선물상자가 있는 방으로 안내했다. 아이에게는 엄마가 문서를 작성하고 나면 선물 포장을 풀어도 된다고 말하고 방을 나왔다. 가정에서 흔히 발생하는 일반적인 스트레스 상황을 재현한 것이다. 아이는 원하는 것을 즉시 하고 싶어 하지만 엄마가 어떤 일을 마치기까지 자신의 충동을 조절해야 한다.

중요한 것은 이때 엄마가 보이는 반응이다. 선물 포장을 풀고 싶어 하는 아이에게 엄마가 보이는 반응은 크게 두 가지였다. 반응 방식에 따라 엄마들을 두 그룹으로 나누었다. 자녀가 선물 포장을 풀고 싶은 충동과 감정을 조절하도록 안심시키고 도움을 준 엄마는 '양육 그룹'으로, 자녀를 무시하거나 성급하게 야단친 엄마는 '대조 그룹'으로 분류했다. 우울증이나 다른 정신적 문제로 해마의 크기에 영향을 미치는 인자를 가진 아이는 실험에서 제외되었다.

양육 그룹의 엄마에게 자란 아이와 대조 그룹의 엄마에게 자란 아이는 어떤 차이가 있을까? 아이의 마음을 안정시키고 마음을 조절하도록 도움을 준 엄마와 아이 마음을 무시하고 성급하게 야단치는 엄마에게서 자란 아이가 몇 년 후 어떤 차이를 보일까?

연구팀은 4년 후 아이들이 7~10세가 되었을 때 자기공명영상법^MRI 으로 뇌를 살펴보았다. 그 결과, 양육 그룹 아이들의 뇌 속 해마 크기는 대조 그룹 아이들보다 10% 더 큰 것으로 나타났다. 해마는 대뇌 변연계를 구성하는 한 요소로서 측두엽 안에 자리 잡고 있다. 학습과 기억, 스트레스 반응 등을 관장해 새로운 사실을 학습하고 기억하는 기능을 하므로 해마가 손상되면 새로운 정보를 기억할 수 없게 된다. 공부하는 데 지장이 생기는 것이다.

태어나 자라는 동안 부모의 사랑을 듬뿍 받고 애착 관계가 잘 형성된 아이는 정서적으로 안정되어 있을 뿐만 아니라, 학교에 입학할 무렵이 되면 두뇌의 해마 크기가 또래 아이보다 더 크다.

부모에게 일관된 애정을 듬뿍 받은 아이의 뇌가 더 건강하게 발달한다는 사실을 보여주는 과학적 증거다. 또 다른 연구도 있다. 위스콘신 대학교 매디슨 캠퍼스 심리학과의 세스 폴락 교수 연구팀이 미국 〈생물정신의학 저널〉에 게재한 논문에 의하면 유아기에 스트레스를 받으면 성장 과정에서 두뇌발달의 저해를 초래한다는 연구 결과가 나왔다. 2~4세 때의 만성적이고 강도 높은 스트레스는 성인이 될 때까지 악영향을 미친다.

연구팀은 유아 시절 스트레스를 경험한 12세 전후의 어린이 128명을 모집해 면밀히 관찰했다. 이 아이들 중 상당수는 유아 시절에 육체적 학대를 당했거나 방치된 경험이 있었고, 일부는 사회경제적으로 좋지 않은 집안 환경에 노출되었다.

연구팀은 이 아이들과 유아 시절에 학대 경험이 없는 아이들의 두뇌 사진을 비교했다. 그 결과 학대 경험이 있는 아이들의 해마와 편도체가 작은 것으로 나타났다. 편도체는 해마의 끝 부분에 달린 아몬드 모양의 뇌 부위다. 편도체는 기억에 정서라는 색깔을 입힌다. 감정을 조절하고, 공포에 대한 학습과 기억에 중요한 역할을 한다. 해마와 편도체가 작다는 것은 결국 학습 능력이 일반 아이들보다 처질 수 있다는 것이다. 이 연구는 엄마의 양육 행동이 아이에게 어떤 종류의 경험이 되는지 관심을 가져야 함을 말해준다. 연구팀은 아이의 미래는 만들어지는 것이라고 강조했다.

어떤가? 그렇다면 아이에게 중요한 일은 무엇인가? 아이의 하루를 계획할 때 엄마가 중요하다고 생각해서 아이를 시키는 것이 아니라, 아이에게 중요한 것이 무엇인지 이해하고 공감하여 중요한 것을 이룰 수 있게 도와주는 일이 필요하다.

아이에게 가장 중요한 일은?

혹시 부모로서 아이에게도 무심코 급한 일들만 다그치고 있지는 않은가? 지금 당장 숙제하라고 다그치고, 다음 주 시험을 위해 급하게 몰아치는 것은 아닌가? 아이에게 중요한 일은 자신이 좋아하는 곤충을 제대로 한번 키워내는 일일 수 있다. 아이가 키우는 곤충 애벌레를 위해 먹이를 구하고 잠자리를 보살펴주는 일이 아이의 인생에서는 더 중요할 수 있다는 말이다.

좋아하는 친구를 만나 함께 축구공을 차는 것이 더 중요한 아이는 그 시간 속에서 꿈을 키우고, 스포츠 정신을 배우고, 약속과 규칙을 배운다. 그러니 부디 아이를 위한다는 명목으로 아이 인생에서 더 중요한 일을 엄마가 급하다고 여기는 일 때문에 뒤로 미루지 말자. 아이의 하루 계획을 세울 때 가장 중요한 일은 아이가 하고 싶어 하는 일이다. 컴퓨터 게임 같은 비생산적인 일, 누군가를 골탕먹이는 일 등은 제외한다. 아이 자신에게 도움이 되고 건설적이고 기왕이면 남에게도 도움이 되는 일이면 좋겠다. 이제 구체적으로 계획을 세워보자.

거창한 계획은 소용이 없다. 계획을 세워보지 않은 사람은 없겠지만, 그 계획을 3일 넘게 지킨 사람도 별로 없다. 작심삼일이라는 말이 괜히 있는 것이 아니다. 그래서 어떤 사람은 3일에 한 번씩 계획을 세우라고 말하기도 한다. 그것도 좋은 방법이다. 그런데 3일도 지키기가 쉽지 않다. 차라리 날마다 그날 하루의 계획을 세우는 것이 더 낫지 않을까? 주말과 방학이면 아침마다 아이와 즐겁게 마주 앉아 맛있는 차 한잔 마시면서 오늘은 뭘 할지 이야기를 나누자. 아직 계획이 익숙지 않은 아이라면 글로 쓰는 부담을 주지 말고 엄마가 메모하면 된다. 아이가 직접 쓰겠다고 하면 두말 할 나위 없이 환영이다.

이제 아이와 함께 시간을 계획해보자. 가장 쉬운 방법은 아이에게 질문하는 것이다.

"숙제 언제 하고 싶어?"

"놀이는 언제 하고 싶니?"

"오늘 새롭게 가보고 싶은 데는 어디야?"

엄마가 시간과 분량을 정해주면 당장 눈앞에서는 효과가 있는 것 같지만, 아이가 좀 더 크면 하나도 소용이 없었음을 깨닫게 된다. 이 말을 믿지 못하겠다면 우리 아이보다 딱 3살 많은 아이의 엄마에게 물어보자. 그렇게 악착같이 아이에게 붙어서 공부를 시켰건만 아이가 커가면서 자기 스스로 하는 것은 하나도 없다. 점점 공부에는 관심이 없고 게임이나 하려 들며 연예인만 좋아한다고 푸념한다. 뭐가 잘못된 걸까?

전문가가 아무리 그런 방식이 소용없다고 목 터지게 외쳐도 처음 아이를 키우는 엄마는 눈앞의 성과에만 급급해서 현명한 선택을 하기 어렵다. 모르는 사람이 없을 정도로 부모 교육의 내용이 세상에 다 알려져도 성공적으로 아이를 키우는 부모가 많지 않은 이유가 바로 여기에 있지 않을까?

아이가 시간이 갈수록 당당하고 솔직하고 주도적이며 밝은 모습으로 자라기를 바란다면, 아이에게 물어보고 아이의 의견을 최대한 존중해서 하루 계획을 세워야 한다. 아이가 중요하게 생각하는 일과 꼭 해야 하는 일을 적고 순서만 아이가 원하는 대로 정해도 충분하다. 분명히 예전보다 계획을 더 잘 실천하는 아이의 모습을 볼 수 있을 것이다.

06

주말과 방학에만
할 수 있는 일이 따로 있다

주말엔 꼭 뒹구는 시간을

테마파크나 키즈 카페에 가지 않아도 괜찮다. 박물관이니 체험 학습이니 굳이 따라다니지 않아도 좋다. 주말을 겨냥한 온갖 교육 상품이 난무하니 아무것도 하지 않으면 마치 부모 역할을 제대로 하지 않는 것 같은 죄책감이 든다. 하지만 우리 아이가 정말 좋아하고 도움될 만한 것이 아니면 관심을 끄는 것이 맞다. 남들이 아무리 좋은 곳을 다녀왔고 엄청나게 도움이 되었다고 떠벌려도 현혹되지 말자. 부모는 그렇게 말하지만 정작 아이는 친구 만나서 좋았다는 말만 하는 경우가 더 많으니 말이다.

일상이 꽉 짜인 아이에게 주말 중 하루는 그냥 뒹구는 날로 정하자. 놀이터에 나가서 놀아도 좋고, 집에서 뒹굴어도 좋다. 아무 것도 하지 않아도 되는 편안하게 노는 날을 가져보자.

유치원에서 월요일마다 주말을 어떻게 보냈는지 발표하는 시간에 아이들이 하는 말을 들어보면, 엄마는 큰돈 들여 테마파크에 갔다 왔는데 아이는 물 뿌리고 놀아서 재미있었단다. 집에서도 충분히 할 수 있는 놀이다. 박물관이나 역사 체험을 다녀오고도 무엇을 했는지 기억하지 못하는 초등학생이 더 많다. 아이가 원해서가 아니라 엄마 아빠가 교육적으로 원해서 끌고 갔기 때문이다.

한 엄마는 8살 아들, 6살 딸과 주말에 실컷 노는 날을 정해 온종일 아이와 놀았다. 뱅주사위 놀이도 하고, 윷놀이도 하고, 전지에 커다랗게 그림도 그리고, 낙서도 했다. 잘라서 퍼즐처럼 맞추기도 하고, 다시 더 잘라서 눈처럼 뿌리며 즐거워했다. 치우느라 고생했을 것 같지만 그조차도 놀이처럼 진행했다. 비닐봉지에 종이 부스러기를 담아 다시 던지고 주고받는 공놀이를 했다. 딸아이가 유치원에서 주말 이야기를 하는데 시간이 부족했다. 아이가 하고 싶은 말이 너무 많았던 것이다.

"엄마랑요, 이것도 하고 저것도 해서 너무 재미있었고, 내가 이러려고 했는데 엄마는 다르게 해서 너무 웃겼고, 그건 이렇게 하는 놀이인데요. 선생님도 해봤어요?"

주말에 뭘 했는지 물으면 "놀러 갔어요", "몰라요", "재미있었어요"라고 하거나 더 물어도 대답이 없는 아이들과는 확연히 달랐다.

8살 아들도 하루 놀고 나더니 일기를 쓰는 데 막힘이 없다. 평소에 한쪽 쓰는 것도 부담스러워하던 아이가 두 쪽이나 써내려간다.

아이가 바라는 것은 거창한 게 아니다. 엄마 아빠가 자신에게 관심과 사랑을 주는 것을 바란다. 스마트폰을 내려놓고 TV도 끄고 아이에게 집중해보자. 손잡고 동네를 산책하고, 함께 마트에 가고, 시식코너에서 맛있게 시식도 하고, 집에 와서 함께 요리를 만드는 것이 아이에게는 행복이다. 이불 위에서 뒹굴 거리며 아이를 김밥으로 말아주기도 하고, 힘들면 거꾸로 엄마 아빠를 김밥으로 싸달라고 해도 좋다. 짧은 시간 동안 진하게 놀아줘야 한다는 생각으로 돈 들여 뭔가를 해야 한다고 여기기 쉽지만, 놀이공원에 가서 아이를 혼내지 않는 부모가 없는 것을 보면 별로 바람직하지 않다. 아이에게 집중하자. 아이의 눈을 보고 여유롭게 미소 지으며 웃는 시간이 바로 주말이 있는 이유다.

아이가 주체가 되어 탐구 프로젝트를

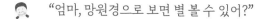 "엄마, 망원경으로 보면 별 볼 수 있어?"

"망원경으론 안 보여."

"그럼 어떻게 봐?"

"글쎄."

별에 관심이 없는 엄마는 자신이 아이의 호기심을 무시하고 있다는 사실을 전혀 알아차리지 못했다. 그러고는 아이가 활달하지 않고 등산도 싫어하고 축구도 싫어한다고 걱정한다. 아빠는 엄마의 잔소리에 아들에게 나가서 같이 농구하자고 한다. 아이는 거절한다. 이제 아빠까지 가세해서 아이가 문제가 있다고 걱정한다. 아들이 물어본 것은 엄마 아빠가 다 거절하고 막아버리고는, 엄마 아빠가 제안한 것을 아이가 거절하니 문제라고 몰아붙이는 격이다. 다시 한 번 해보자고 제안했다. 엄마가 별에 관해 몰라도 된다. 그저 아이의 호기심을 인정하고 어떻게 하면 볼 수 있는지 질문하면 된다.

> "별 보고 싶어?"
>
> "네."
>
> "그럼 별 보는 방법을 좀 알아볼래?"
>
> "어떻게?"
>
> "인터넷 검색해보자. 검색창에 뭐라고 치면 될까?"
>
> "별 보는 법."
>
> "그래? 네가 한번 쳐봐."

인터넷에 뜬 여러 가지 정보를 아이에게 클릭해서 읽어보라고 했다. 한참 이것저것 뒤지던 아이가 소리친다.

"천문대 가면 된대요. 우리 천문대 가요!"

"좋아. 근데 천문대가 어디 있어? 제일 가까운 곳이 어디야?"

"잠깐만요."

서울에 사는 아이는 '서울에 있는 천문대'라고 검색한다. 거의 한 시간 동안 아이는 천문대를 비교 검색했다. 그중에 마음에 드는 천문대를 찾았고, 홈페이지에서 다양한 프로그램을 살펴봤다. 아이는 다시 엄마를 불러 이 중 자신이 참여하고 싶은 프로그램을 정하고 미리 공지된 일정 중에 엄마 아빠가 갈 수 있는 날을 확인한 다음 예약까지 했다. 엄마는 마지막에 신용카드로 결제만 했다.

이렇게 하는 데 3시간 정도가 걸렸다. 전에는 뭔가를 체험하거나 프로그램에 참여할 때마다 모두 엄마의 몫이었다. 엄마는 초등학교 3학년밖에 안 된 아이가 이렇게 주도적으로 열심히 자신이 원하는 것을 찾고 신청하는 것을 보면서 신기했다. 무엇보다 아이의 눈빛이 확 살아난 것을 보았다.

엄마는 내친김에 그곳까지 가는 방법도 다 알아보라고 했다. 지하철을 어떻게 타야 하는지, 어디서 갈아타야 하는지도 모두 아이에게 맡겼다. 엄마는 보호자로 따라가기만 할 거라고. 네가 시키는 대로 할 테니까 준비물과 미리 알아야 할 사항도 모두 알아보라고 했다. 그 후 천문대에 가는 날까지 아이의 탐구 생활은 계속되었다. 별자리를 끊임없이 찾고 검색했으며, 별을 관측하는 방법과 관측 기구에 관해서도 조잘대며 엄마에게 설명해주었다.

아이의 별 보기 프로젝트가 멋지게 시작되었다. 아이가 주도적으로 무언가를 계획하고 탐구하도록 해보자. 아이가 관심 있는 주제라면 뭐든 좋다. 산에 가기를 좋아하는 아이라면 방학마다 조금씩 백두대간을 가보는 것도 좋겠다. 여행을 좋아하는 아이라면 아이가 주도적으로 계획해서 여행을 가는 것도 좋겠다. 궁금한 것을 직접 알아보고 찾아가는 경험이야말로 아이가 제대로 배우는 방법이다.

초등학생 100명에게 만약 자유롭게 뭔가를 탐구할 수 있다면 무엇을 연구해보겠는지 물었다. 60명 정도는 별로 하고 싶지 않다고 대답했다. 이유를 물으니 귀찮다고 말한다. 30명 정도는 영어나 수학을 이야기하며 좀 더 잘했으면 좋겠다고 했다. 아마 질문의 뜻을 정확히 이해하지 못했을 것이다. 자발적으로 탐구한다는 의미를 모르는 것일 수도 있겠다. 머리로는 알지만 어떻게 하는 것인지 모른다는 말이다.

그런데 10명 정도는 좀 다른 말을 한다. 만약 진짜 자유롭게 해도 된다면, 마음대로 가고 싶은 곳에 갈 수 있다는 전제를 깔고 이야기가 터져 나오기 시작한다.

"해적에 대해서 더 알고 싶어요. 해적이 있던 나라에 가보고 싶어요."

    "전 물로 가는 친환경 자동차를 만들어보고 싶어요."

    "천만 명이 보는 영화는 어떤 영화인지 분석해봤으면 좋겠어
    요. 나도 그런 거 만들고 싶어요."

    "기차 종류를 전부 다 보고 싶어요."

    "레고 블록 회사에 가보고 싶어요."

    "애들은 왜 커피 마시면 안 되는지 알고 싶어요."

아이들의 궁금증을 그대로 프로젝트로 삼아 방학 중에 제대로 탐구해보면 좋겠다. 자료를 모으고 직접 가볼 수 있는 곳은 여행 삼아 가보는 활동이면 얼마나 좋을까? 부족한 공부를 위해 학원을 하나 더 다니는 방학은 아니길 바란다. 학원 다니기 힘들다고 방학이 빨리 끝났으면 좋겠다고 말하는 아이로 키우지 않길 바란다.

〈매일경제〉 2015년 1월 25일 기사에 미국의 천재 로봇과학자 데니스 홍 교수의 특별한 자녀 교육법이 소개된 적이 있다. 아이가 우유를 먹고 싶어 냉장고를 열고는 아빠한테 달려간다. 냉장고에 불이 켜져 있는데 어떻게 불을 꺼야 하느냐는 것이다. 보통의 부모라면 "냉장고는 문을 열 때만 불이 켜지는 거야"라고 설명할 것이다. 하지만 데니스 홍 교수는 휴대폰을 꺼내 동영상 녹화를 시작하고 냉장고에 넣으며 말한다.

"우리가 냉장고 안에 들어가 볼 수는 없으니 대신 녹화되는 휴대폰을 넣고 문을 닫은 다음 어떤 일이 일어나는지 살펴보자."

데니스 홍 교수는 어렸을 때부터 부모님께 물려받은 교육법을 아직 학교에 들어가지 않은 아들에게 '전수 중'이라고 한다. 무엇이 아이에게 중요한지 잘 짚어주는 일화라 할 수 있다.

07

아빠가 있는 휴일 풍경

3살, 6살 난 두 아들을 둔 아빠의 고민이다.

항상 아이들과 많은 시간을 보내려 노력하며 여행이나 캠핑도
자주 다니려 애를 씁니다. 하지만 바빠서 요즘은 아이들에게
신경 쓸 틈이 없습니다. 일찍 출근할 땐 아이들이 자고 있고, 늦
게 퇴근하면 벌써 잠들어버렸습니다. 주말을 이용해 아이들과
시간을 보내고 싶은데 제가 잘 놀아주는 아빠는 아닙니다. 어
떻게 시간을 보내면 좋을까요?

어린 두 아이를 데리고 여행과 캠핑을 자주 다녔다니 정말 많이
애쓰는 아빠다. 가끔이었겠지만 아이들도 무척 즐겁고 행복하게

느꼈을 것 같다. 그런데 과연 정말 그럴까? 아빠가 노력한 만큼 아이들도 좋아했을지는 미지수다. 아이들은 의외로 부모의 생각과는 다른 말을 하는 경우가 많다. 부모는 엄청나게 노력하는데 아이는 엄마 아빠가 하고 싶은 대로 했다고 불평한다. 아빠도 캠핑 다니는 건 하겠는데 노는 건 어떻게 해야 할지 모르겠다고 고민한다.

아직 어린아이라면 거창하게 캠핑을 가지 않아도 집에서 아빠랑 간단한 요리 한 가지만 함께 해먹어도 행복해하지 않는가? 뭔가 대단한 걸 해야 좋은 아빠가 아니라, 아이가 좋아하는 것을 해주는 게 좋은 아빠다. 아이와 잘 놀아주고 싶다면 우선 아이 마음을 알아보는 것이 먼저다.

우리 아빠는 ＿＿＿＿＿＿＿＿＿＿＿＿＿＿＿＿＿＿＿＿ .

이 질문을 아이에게 해보자. 심리검사의 하나인 '문장 완성 검사'에 나오는 문항 중 하나다. 사랑스러운 두 아이는 빈칸에 무슨 말을 채울까? 아빠에 대해 좋은 말을 쓴다면 분명 아빠 역할을 잘하고 있는 것이라 볼 수 있다. 아빠와 함께하는 캠핑과 여행을 학수고대하고 있을 수도 있겠다. 만약 "욕심쟁이예요", "자기 마음대로 해요", "싫어요", "나빠요", "잠만 자요", "게임만 해요", "무서워요" 같은 대답이 나온다면 지금까지와는 다르게 해야 한다는 의미다.

3살, 6살 남자아이라면 아빠가 자기와 놀아줄 때 가장 행복할 것이다. 어쩌면 아이들은 그렇게 놀아줄 때만 아빠에 대한 사랑과 감사를 느낄 수 있는지도 모른다. 그런데 어떻게 놀아주어야 할지, 친구 같은 아빠가 되려면 어떻게 해야 할지 모르겠다면 친구의 의미에 대해 다시 한 번 생각해보자.

친구의 종류는 참 많다. 함께 잘 노는 친구, 취미가 같은 친구, 마음이 잘 통하는 친구. 어떤 친구든 함께 좋은 시간을 자주 보내면 좋은 친구가 된다. 그런데 아이에게 '친구 같은 아빠'가 되고 싶다고 생각할 때 대부분 아빠는 '몸으로 잘 놀아주는 친구' 한 가지만 생각하는 경향이 있다. 그래서 마음으로는 친구 같은 아빠가 되고 싶지만 잘 놀 줄 모르는 아빠는 그 역할을 제대로 해내지 못해 공연히 죄책감만 더 심해진다. 아이와 놀 줄 아는 아빠라면 그렇게 하면 가장 좋다. 굳이 뭘 할지 고민하지 않아도 저절로 아이디어가 떠오를 테니까. 문제는 그렇게 놀아주는 것이 자신과 맞지 않는 경우다. 그래도 걱정할 필요는 없다.

친구가 되는 방법은 여러 가지다. 몸으로 뒹굴며 놀아주는 사람도 친구지만 조용히 앉아 함께 바둑을 두는 사람도 친구다. 아빠 자신이 좋아하고 잘하는 활동을 아이와 함께 한다는 의미로 생각해보자. 운동을 좋아한다면 아이와 함께 축구나 농구를 해보자. 다만 이때 아이의 눈높이에 맞추어주어야 한다. 움직이는 것을 싫어하는 아빠라면 아이와 앉아서 재미있는 그림을 그리거나, 책을 읽어주면 된다. 오목이나 바둑, 아니면 알까기도 좋다. 비싼 장난감이 필요한 것이 아니라 즐겁기만 하면 된다.

이럴 때는 간단한 생활 소품을 활용한 놀이가 훨씬 더 효과적이다. 종이를 뭉친 공을 입김으로 불어서 골인시키기, 종이를 머리에 이고 목적지까지 갔다 오기, 종이 2장을 스키처럼 타고 경주하기. 이렇게 간단한 놀이를 한번 해보자. 아이의 행복한 웃음소리가 터져 나오기 시작할 것이다. 아이가 진정으로 바라는 것은 사랑하는 아빠와 함께 즐겁게 보내는 시간이다. 아빠만의 강점을 살리자.

아이와 함께 잘 놀았는지 궁금하다면 아이가 얼마나 웃었는지 살펴보면 된다. 실제로 아빠는 열심히 놀아주었다고 말하지만, 아이는 아빠 때문에 속상하다고 울면서 놀이가 끝나는 경우가 많다. 공놀이를 해준다던 아빠가 자기 재미에 빠져 정작 아이는 제대로 공 한 번 차보지 못하고 놀이가 끝나거나, 배드민턴을 가르쳐주며 놀겠다던 아빠가 5분도 되지 않아 이렇게 하라고 윽박지르는 경우다.

놀이가 망가진다고 느낄 때는 '가르침'이 아니라 '즐거움'을 목표로 해보자. 즐거움을 쫓아가다 보면 아이는 어느새 많이 배우고 있음을 알게 된다. 아빠는 아무리 사랑하고 놀아주었다고 말해도 아이가 그렇게 느끼지 못하면 그것은 사랑한 것도 아니고 놀아준 것도 아니다.

TV 프로그램 〈슈퍼맨이 돌아왔다〉에서 가수 타블로는 딸 하루에게 사랑이 뭐냐고 질문했다. 하루는 이렇게 대답한다.

"아빠가 하루를 웃게 하는 게 사랑이야."

어린아이가 받고 싶은 사랑이 무엇인지 단 한마디로 명쾌하게 말해준다. 아빠가 아이와 함께 무엇을 하든 아이가 미소 짓거나 깔깔깔 소리 내어 웃게 하는 것이 사랑이다. 아이가 바라는 것이 바로 그것이다.

그래도 뭘 해야 할지 잘 모르겠다면 아빠가 주인공인 그림책을 함께 읽어보자. 《아빠와 아들》(고대영 글, 한상언 그림, 길벗어린이, 2007), 《우리 아빠》(앤서니 브라운 글, 그림, 웅진주니어, 2019), 《내가 만일 아빠라면》(마거릿 파크 브릿지 글, K.D 맥도널드 덴튼 그림, 베틀북, 2000) 같은 책을 펼쳐서 뒤적이며 읽어주지. 처음부터 순서대로 읽는 것도 좋지만, 아이가 보고 싶어 하는 장면을 읽는 방식이 더 좋다. 아이의 말에 마음을 맡기고 따라가 보자.

"와, 좋겠다. 나도 이거 해보고 싶어. 아빤 왜 이렇게 안 해줘?"

이런 말이 바로 아이의 마음이다. 그중 아이도 원하고 아빠도 할 수 있는 것을 그림책대로 한번 따라 해보면 좋겠다.

6살 아이가 《내가 만일 아빠라면》을 읽으며 이렇게 말한다.

"내가 만일 아빠라면 일요일마다 같이 축구를 할 거예요. 바빠도 아들한테 하루에 한 번씩 전화할 거예요. 아들이 좀 커도 잘 업어줄 거예요. 한글 몰라도 안 혼낼 거예요."

아이의 말 속에 아이가 원하는 아빠가 어떤 아빠인지 고스란히 들어 있다. 아이가 원하는 것을 다 지키지 못해도 좋다. 하나씩 아이의 마음을 따라가다 보면 어느새 '세상에서 가장 좋은 우리 아빠'가 되어 있을 것이다. 아이와 아빠가 함께하는 휴일 풍경은 무척 아름답지 않은가.

직장 엄마를 위한 주말과 방학 시간

피곤하더라도 이것만은 꼭!

휴가가 아니라 여행을 가자

"엄마, 이건 에펠탑 아냐? 이건 노트르담 성당, 루브르 박물관이네."

"엄마, 괴테가 쓴 작품이 《젊은 베르테르의 슬픔》이랑 《파우스트》 맞지?"

7살 아이가 하는 말이다. 많이 알아서 기특한 게 아니라 호기심 가득한 눈으로 자신이 아는 것을 알아맞히고 기뻐하는 모습이 무척 부럽다. 아이는 어떻게 이런 데 관심을 두고 즐거워하게 되었을까?

《못 말리는 일곱 살, 유럽 배낭여행 가다》(최민하 지음, 스토리나무, 2009) 에 나오는 이야기다. 젊은 시절 배낭여행을 다녔던 한 직장 엄마가 7살 딸과 한 달간 유럽 배낭여행을 떠난다. 다니던 직장을 그만두고 새로 직장을 구하는 사이 시간을 활용한 여행이었지만, 딸과의 여행을 꿈으로 간직한 엄마였기에 가능하지 않았을까? 7살밖에 되지 않은 어린아이에게는 여행이 어떤 의미였을까? 엄마의 말을 좀 더 들어보자.

아이가 조금씩 달라져 가는 것이 보인다. 여행 책을 보고 자신이 갔다 온 곳을 정확히 짚으며 자신감 있게 얘기하는 것이 아닌가. 유럽에서 괴테 하우스를 방문했을 때 아이에게 설명하며 알려줬던 작품이었다. 아이는 잊지 않고 머리와 가슴에 기억하고 있었다.

"엄마, 나 영어 배우고 싶어."
어느 날 식사를 하다 말고 말했다.
"왜? 갑자기? 영어 공부하고 싶어?"
"으응, 영어 공부해서 영어로 말 잘하면 레베카 만나러 스페인 가게."
"호홋, 그래? 영어 공부 정말 하고 싶어?"
"응, 하고 싶어. 레베카 만나면 다음에는 내가 영어로 얘기할 거야."

여행을 다니는 동안의 이야기도 재미와 감동이 있지만 다녀온 후 아이가 보이는 모습에서 더 큰 힘을 얻게 된다. 뭔가를 더 배우고 싶고 알고 싶어 하는 의욕이 가득 차 있다. 여행에서 만

난 친구를 기억하고 그 친구와의 재회를 위해 또다시 계획을 세울 줄 아는 아이가 되었다. 우리 아이도 이러면 좋겠다. 또 다른 아이의 이야기도 들어보자.

낯선 골목길에서 아이가 "엄마, 저 찾아봐요!" 소리치며 숨바꼭질한다.
"증기 기관차를 탔던 기차 마을에선 과거로 시간 여행을 떠난 기분이 들었어요."
"엄마, 수미마을 어때요? 작년 봄에 딸기 따고 찐빵 만들어 먹은 곳 말이에요."

《열 살 전에 떠나는 엄마 딸 마음여행》(박선아 지음, 위즈덤하우스, 2013)의 주인공이 한 말이다. 엄마가 아이와 여행을 떠난 것은 이번이 처음이 아니다. 엄마는 초등학교 입학 선물로 딸아이에게 80일간의 긴 여행을 선물하기로 결심했다. 학습지 더미에 둘러싸이는 것보다 드넓은 세상 속으로 뛰어들어 경험하는 일이 훨씬 더 중요하다고 믿었다. 엄마는 학원비를 지출하는 대신 꼬박꼬박 여행자금을 모았고, 목표했던 여비가 모이자 세계지도를 펼쳤다.
"어디든 네가 가고 싶은 곳을 찍어보렴."
이렇게 처음 다녀온 여행 후에 아이가 하는 말들은 이랬다.

"길이 없으면 길을 만들면 돼요. 내가 앞에 갈 테니 엄마는 나를 잘 따라오세요."

"엄마, 여행하면서 내 생각 주머니가 더 커졌어요. 고마워요."

직장을 그만두고 떠난 엄마들의 이야기를 굳이 하는 이유는 직장을 그만두라는 뜻이 아니다. 여행을 꿈꾸고 자신의 상황에 맞게 아이와 여행을 계획하면 좋겠다는 의미다. 7살 난 딸과 함께한 엄마의 여행은 지금도 계속되고 있으며, 여전히 직장 엄마로 아이를 키우고 있다는 사실이 중요하다.

부모에게 "만약 로또에 당첨된다면?", "한 달간 휴가를 얻게 된다면?" 하고 질문을 던지고 진짜 하고 싶은 일을 말해보라고 하면 희망 제1순위는 여행으로 나온다. 세계여행, 크루즈 여행, 배낭여행……. 우리는 늘 여행을 꿈꾸며 산다. 하지만 여행을 제대로 즐길 줄 아는 사람은 그리 많지 않다. 휴가와 여행, 관광과 여행을 명확하게 구분하기는 어렵지만 주말과 방학에 하는 여행이 좋은 추억보다 고생한 마음만 크게 남는 것을 보면 진짜 여행은 아니었다는 생각이 든다.

직장 엄마는 주말이나 방학이 되면 종종 미안함에 대한 보상 심리로 가족여행 계획을 세운다. 하지만 엄마 아빠의 일방적인 계획에 아이가 마지못해 따라간다면 모처럼의 여행은 그 가치를 잃어버린다. 아이와 함께 진짜 여행을 떠나자. 가끔이면 충분하다. 엄마는 여전히 바쁘지만 아이는 방학이다. 엄마가 아이에게 도움을 요청하자. 아이가 할 수 있는 여행 준비는 아이에게 맡기자. 어디를 가고 싶은지, 그곳에서 무엇을 하고 싶은지 아이에게 묻고 정하는 정도는 얼마든지 할 수 있다.

주말과 방학이면 직장 엄마도 쉬어야 한다. 엄마도 쉬고 아이도 쉬지만 즐겁게 쉬는 방법을 연구하는 것이 좋다. 코로나 19로 인해 여행이 한동안 어려워졌지만, 언젠가 꼭 시도해 보면 좋겠다. 아이에게 여행이 주는 의미를 알게 되면 다음 여행을 꿈꾸는 것만으로도 즐거워질 것이다. 쉬엄쉬엄 가는 여행을 꿈꾸자. 가끔은 그 꿈을 현실로 만들자. 긴 여행이 아니어도 좋다. 하루 이틀이면 다녀올 수 있는 소박하고 여유롭고 아름다운 곳이 많이 있다. 방학은 틈틈이 시간을 내어 새로운 꿈을 경험해보고 또다시 새로운 꿈을 만들어가는 시간이다. 그렇게 세상 속으로 아이와 함께 걸어가는 것이 어쩌면 엄마가 아이에게 주는 최고의 선물 아닐까?

기적같이 아이가 달라지는 엄마 전문용어의 힘

엄마의 말 공부

초판 1쇄 발행 2015년 04월 20일
개정증보판 1쇄 발행 2020년 07월 28일
개정증보판 7쇄 발행 2024년 05월 28일

지은이 이임숙
펴낸이 민혜영
펴낸곳 (주)카시오페아
주소 서울시 마포구 월드컵로 14길 56, 4-5층
전화 02-303-5580 | **팩스** 02-2179-8768
홈페이지 www.cassiopeiabook.com | **전자우편** editor@cassiopeiabook.com
출판등록 2012년 12월 27일 제2014-000277호
외주 디자인 별을 잡는 그물

ISBN 979-11-90776-12-7 (03590)